자녀의 미래를 바꾸는 6가지 부모력

자녀의 미래를 바꾸는

★★★★★★★★★★★★★★★★★★★★★★

6가지 부모력

조미상 지음

더메이커

프롤로그

교육이 미래라고 외치는 대한민국 부모에게

교육의 진정한 목적은 무엇인가? 내 아이에게 교육은 어떤 의미인가? 왜 우리는 그토록 자녀교육에 집착하는가? 자녀를 키우는 부모라면 한 번쯤 물어야 할 질문이다.

교육은 인간으로 태어나 삶을 살아가는 데 필요한 것들을 가르치고 배우는 과정이며 수단이다. 다시 말해 인간은 교육이라는 일련의 행위로 개인생활, 가정생활, 사회생활을 보다 행복하고 가치 있게 영위하며, 나아가 국가와 사회 발전에 기여한다. 그렇다면 교육의 전제 조건, 즉 교육의 기준은 무엇인가? 바로 아이가 성장하여 자신의 힘으로 살아가야 할 세상이다. 그 세상에서 통하는 다양한 가치와 행복의 외적·내적 기준에 부합하도록 준비하는 것이 교육인 셈이다. 그래서 세상이 변화하면 삶의 기준이 바뀌고, 그에 따라 교육이라는 훈련 방식도 자연스럽게 바뀐다.

한 예로 원시시대에는 무엇을 훈련해야 살아남을 수 있었을까? 당시의 사회 구조와 생업 구조를 떠올려 보자. 그 시절에는 채집, 사냥, 물고기잡이 등을 잘하기 위한 신체 단련이나 도구 사용법, 그리고 (소수의) 무리 생활을 잘하기 위한 기본 규칙을 알아야 생존이 가능했다. 따라서 이와 같은 것들을 습득하고 익히는 것이 중요한 교육 목표였다.

하지만 오늘날은 어떠한가? 원시시대에 중요했던 이런 능력을 키우는 것이 교육의 목적이라고 생각하는 사람은 아무도 없을 것이다. 이처럼 한 인간이 살아가야 하는 사회 구조의 특징을 반영하지 않고 교육을 논한다는 것은 어불성설이다.

세상은 끊임없이 변화와 진화를 거듭하여 마침내 4차 산업혁명을 선언하기에 이르렀다. 이 시대는 과학기술 혁명 덕분에 어제와 오늘이 다르며, 한 시간 전을 과거라고 여길 만큼 변화의 속도에 불이 붙기 시작했다.

이처럼 자고 일어나면 바뀌는 세상 속에서 삶의 가치와 기준 역시 수시로 달라지기 시작했다. 한 예로 사회의 기본 단위인 가족구조가 대가족에서 소가족으로, 다시 소가족에서 핵가족으로 변하였고, 현재는 1인 가정이 폭발적으로 늘고 있다. 직업 또한, 사라지는 직업과 새로이 생기는 직업의 교차가 수시로 일어나고 있다. 세상 사람들은 이런 변화무쌍한 시대를 '불확실성의 시대', '예측 불허한 시대', '정답이 없는 세상' 등으로 표현하곤 한다.

그런데 이렇게 삶의 기준이 수시로 바뀌는 세상에서 교육은 어떠한 모습을 하고 있는가? 교육도 급변하는 사회를 잘 쫓아가고 있을까? 아니, 교육은 마땅히 이러한 변화를 예측하여 대비해야 하는 게 아닐까? 그래야 아이들이 성인이 되어 사회에 나갔을 때 변화한 사회의 기준에 따라 삶을 영위할 수 있지 않을까?

미국의 '국립교육경제센터'에서 지금의 교육은 1950년대의 인재 양성을 위한 교육에서 크게 달라진 것이 없다고 발표했다. 세상에나, 2020년을 바라보는 시대에 1950년대 교육이라니! 게다가 그 교육을 받는 대상은 2030년~2050년대를 살아야 할 아이들이 아닌가. 미래를 대비하는 교육은커녕 수십 년 전의 교육으로 아이들을 방치하고 있는 것이다.

"늦었다고 생각할 때가 가장 빠른 것"이라는 말처럼 이제라도 우리는 무엇이 이 시대의 진정한 교육인지를 생각해 봐야 한다. 나는 여기에서 우리 모두에게 다음의 질문을 던지고 싶다.

"19세기 교실에서 20세기 교사가 21세기 아이들을 교육하고 있는 것은 아닌가요?"
"무엇이 이 시대의 진정한 교육입니까?"

"우리 아이들에게 진짜 필요한 공부는 무엇인가요?"

"지금 열심히 암기하는 지식이 필요한 지식인가요?"

"무엇이 미래 경쟁력을 키우는 공부인가요?"

안타깝게도 우리에게는 머뭇거릴 시간이 없다. 또한, 하루가 다르게 변화하는 상황에서 정부와 학교에만 기댈 수도 없다. 우리 아이를 위한 진짜 교육이 무엇인지, 무엇이 미래 사회를 준비하는 경쟁력인지, 아이들을 행복하게 하는 것은 무엇인지 등을 우리 스스로 살펴보고 그 방법을 찾아내야 한다.

이 책은 바로 이 지점에서 문제를 제기한다. 우리는 엄마로서, 그리고 아빠로서 급변하는 작금의 세상을 얼마나 이해하고 있는가. 그리고 생활 깊이 스며든 디지털 혁명과 내 아이와의 관계를 어떻게 바라보고 있는가. 무엇이 진짜 교육이고 미래의 경쟁력인가. 부모가 먼저 생각하고 판단해 봐야 한다. 그리고 내 아이를 중심에 두고 새로운 전략을 짜야 한다. 그래야 교육이 아이 미래의 마중물이 될 수 있다. 그저 그동안 해왔던 대로, 부모가 어린 시절 공부했던 것을 기준으로 자녀를 리드한다면, 그것은 교육이 아니라 걸림돌이 될 수도 있음을 진지하게 고민해 봐야 한다.

대한민국의 미래는 이 시대의 부모에게 달렸다고 해도 틀린 말이 아니다. 부모는 아이들의 퍼스트 멘토이자 영원한 멘토이다.

차례

2부

제대로 이해해야 한다

디지털 혁명사회

3부

깨어있어야 한다

새로운 교육 패러다임의 등장

4부

구분할 수 있어야 한다

무엇이 진짜 공부인가?

5부

알고 있어야 한다

무엇으로 미래 경쟁력을 키울 것인가?

6부

잊지 말아야 한다

부모는 퍼스트 멘토이자 영원한 멘토

1부
점검해야 한다

나는 20세기형 부모인가, 21세기형 부모인가

우리는 앞으로 2년 뒤에 닥쳐올 변화에 대해서는 과대평가하지만
10년 뒤에 올 변화는 과소평가하는 경향이 있다.

– 빌 게이츠 Bill Gates

1
엄마·아빠보다 버전이 높은 아이들

그러므로 아이의 미래를 위한 새로운 교육의 시작은 아이가 부모와는 다른 버전이라는 것을 인정하는 데에서 출발해야 한다.

우리는 현재 인류 역사상 그 어느 때보다도 진화한 세상에 살고 있다. 진화의 진화를 거듭하고 있는 이 세상의 중심에 무엇이 있을까? 바로 과학기술이 있다. 현대인에게 과학기술은 산소 같은 존재이다.

과학기술 하면, 가장 먼저 머릿속에 떠오르는 스마트폰을 예로 들어보자. 영국의 경제주간지 〈이코노미스트〉는 스마트폰 없이는 살 수 없는 신인류 문명인 '포노 사피엔스'의 시대가 왔음을 선포했다. 〈이코노미스트〉에서 말하는 '포노 사피엔스'란 슬기로운 사람을 뜻하는 호모 사피엔스에 빗댄 말로, '스마트폰 없이 생각하거나 살아가는 걸 힘들어 하는 사람'이란 의미이다. 스마트폰이 잠시라도 방전되는 것을 못 견딘다면, 우리는 이미 포노 사피엔스의 삶을 사는 것이다. 이처럼 우리는 스마트폰을 산소 혹은 신체 일부로까지 여기게 됐다. 이는 스마트폰이 출현한 지 불과 십여 년 만에 일어난 일이다.

디지털 원주민 VS 디지털 이주민

그렇다면 우리 아이들은 어떠할까. 부모 세대는 아날로그 시대를 거쳐 포노 사피엔스 시대를 맞이했지만, 아이들은 처음부터 포노 사피엔스로 태어났다.

미국의 교육학자 마크 프렌스키(Marc Prensky)는 이런 현대의 아이들을 두고 '디지털 네이티브(digital native, 디지털 원주민)'라고 표현했다. '태어날 때부터 디지털 기기에 둘러싸여 성장한 세대'를 뜻한다.

마크 프렌스키는 특정 지역 원주민이 자신이 태어난 곳의 언어와 문화를 타고나듯이 현대의 아이들은 디지털 습성을 자연스럽게 타고난다고 했다. 반면에 부모 세대는 아무리 애를 써

아이의 미래를 위한 새로운 교육의 시작은 아이가 부모와는 다른 버전이라는 것을 인정하는 데에서 출발해야 한다. 내 아이가 디지털 원주민이라는 사실을 인정하고 아이 중심의 양육과 교육을 펼쳐야 한다.

도 아날로그의 삶을 완전히 떨치지 못하고 '디지털 이주민(digital immigrant)'으로 전락하고 만다고 했다.

이것은 무엇을 의미하는가? 디지털 혁명 시대라는 집에 디지털 원주민과 이주민이 함께 살고 있다는 뜻이다. 물론, 원주민이든 이주민이든 모두 포노 사피엔스가 됐다는 것은 사실이다. 그러나 중요한 점은 버전이 다르다는 것이다. 같은 스마트폰을 사용해도 원주민과 이주민의 사용법은 확연히 다르다.

지방에서 강의가 있던 어느 날이었다. 강의 장소는 대학교 안에 있는 강당이었다. 학교에 도착하긴 했는데, 건물이 모두 비슷

비슷하여 어느 건물에 강당이 있는지 알 수가 없었다. 그래서 강당이 있는 건물을 알 만한 사람을 찾아 두리번거리다가 한 학생이 지나가는 것을 보았다. 반가운 마음으로 학생에게 다가가 건물의 위치를 물었다. 학생은 곧바로 자신의 스마트폰을 꺼내 검색하더니, 나를 힐끔 쳐다보며 가르쳐주었다.

"인터넷 검색하면 바로 나옵니다. 바로 여기네요."

나는 그날 알았다. 스마트폰이 내 손에서 24시간 떠나지 않아도, 아날로그식 사고에서 벗어나지 못하고 있다는 것을 말이다. 그동안 나는 스마트폰 없이는 잠시도 못 견디는 포노 사피엔스이며, 스마트폰을 다양한 용도로 사용하고 있다고 생각했다. 그러나 결국은 나도 기성세대와 같은 아날로그 네이티브일 뿐이었다. 다시 말해, 스마트폰을 내가 정한 용도로만 사용하는 디지털 이주민이었던 것이다.

미래 교육의 출발은 다름을 인정하는 것

디지털 세상에서 자녀를 낳아 키우는 부모들은 이 사실에 주목할 필요가 있다. 부모는 디지털 이주민, 자녀는 디지털 원주민이라는 사실 말이다. 다시 말해 아이들이 부모보다 디지털 버전이 높으며, 디지털 세상을 살아가는 룰은 이주민인 부모보다 원주민인 아이들이 태생적으로 훨씬 잘 안다는 것이다. 이것은 엄마라는, 혹은 아빠라는 이유만으로 아이들을 마음대로 이끌거나 자신들의 틀에 가둬서는 안 된다는 뜻이다. 이제는 부모가 아이를 더 존중하고, 아이의 생각에 부모가 맞춰야 하는 시대이다.

부모는 디지털 원주민인 우리 아이가 현재 살고 있는, 혹은 앞으로 살 게 될 사회 구조나 삶의 방식이 자신이 성장하던 시대와 확연히 다름을 이해하고 인정해야 한다. 아이는 생각하는 방식, 타인과 소통하고 관계 맺는 방식, 지식을 다루는 방식 등 모든 것에서 부모 세대와 다르다. 이 다름을 이해해야만, 새로운 교육 형태를 이해할 수 있고, 그에 따라 교육 전략을 짤 수 있다.

그러므로 아이의 미래를 위한 새로운 교육의 시작은 아이가 부모와는 다른 버전이라는 것을 인정하는 데에서 출발해야 한다. 디지털 이주민인 엄마·아빠의 기준으로 틀을 정해놓고 아이를 키운다면 20세기 부모에서 벗어나지 못한다. 내 아이가 나보다 더 진화한 세상에 태어난 디지털 원주민이라는 사실을 인정하고 아이 중심의 양육과 교육을 펼쳐야 21세기형 부모라 할 수 있다.

2
대한민국 교육의 민낯, <스카이 캐슬>

어쩌면 이 스프링복의 모습이 현재 우리 교육과 닮은 게 아닐까? 남들이 뛰니까 나도 뛰는 것은 위험하다.

대한민국 부모의 교육열은 세계에서 둘째가라면 서러워할 정도다. 대한민국은 그 누구도 말릴 수 없는 부모의 교육열로 성장한 나라라고 해도 틀린 말은 아닐 것 같다. 하지만 지금, 이 시점에서 우리 부모들의 교육열이 아이에게 바람직한 방향으로 영향을 주고 있는지는 점검해 봐야 한다.

비뚤어진 교육열이 부른 비극

최근에 장안의 화제였던 〈스카이 캐슬〉이라는 드라마가 있었다. 아이를 서울대 의대에 보내기 위해 수단과 방법을 가리지 않고 자녀교육에 올인하는 부모들의 비뚤어진 욕망을 다룬 드라마였다. 의사, 교수 등의 사회적 지위와 경제적 부를 갖춘 그들만이 사는 세상, 일반인은 감히 입성이 불가능한 하늘 높이 솟아 있는 성, 스카이 캐슬에서 벌어지는 일련의 사건은 우리나라 부모의 비뚤어진 교육관을 있는 그대로 드러냈다. 스카이 캐슬에 사는 부모들의 과도한 교육열은 부모의 신분과 부를 아이에게 대물림하려는 욕망 그 이상도, 이하도 아니었다.

교육의 주체는 아이건만, 교육의 중심에 아이는 없고, 오직 '서울대 의대'라는 허울만 있을 뿐이었다. 따라서 아이는 부모의 지시에 따라 공부만 잘하면 되는, 아이 자신은 그 어디에도 없는 공부 기계로 전락한다. 물론 시청자의 흥미를 돋우기 위해 과장해서 표현했을 수는 있으나, 이는 실제로 현실에서 종종 마주치는 우리의 자화상이기도 하다.

자, 그럼 현실로 돌아와 우리의 모습은 어떠한가?

나는 교육열이 높은 엄마인가? 그렇다면, 교육의 중심에 누가 있는가? 그리고 교육은 어느 곳을 향하고 있는가? 이처럼 우리는 부모로서 자신에게 질문할 수 있어야 한다. 드라마에서는 소원대로 아들이 서울대 의대에 합격했으나 입학을 거부하고 가출하자 안타까운 선택을 한 엄마의 모습이 그려졌다. 이처럼 부모의 교육열은 높으나, 바람직한 철학과 방향을 갖지 못함으로써 일어나는 비극은 현실에서도 종종 일어난다.

건강하고 바람직한 교육

그렇다면 건강하고 바람직한 교육은 어떤 것일까? 교육의 중심에 부모가 아니라 아이가 서는 것이다. 부모가 시키고 싶은 것이 아니라 아이가 하고 싶은 것을 교육하는 것이다. 다시 말해, 교육열은 부모의 욕망을 충족하려는 도구가 아니라 아이의 꿈을 이뤄주는 도구로 쓰여야 한다. 부모의 교육열은 아이의 꿈과 열정에 불을 지피는 촉매제 역할로 충분하다. 교육의 주도권은 부모에게 있을지라도, 교육의 주체는 아이라는 사실을 잊으면 안 된다.

또한, 교육열이 바람직한 효과를 내기 위해서는 교육 방향이 올바른지 끊임없이 점검해야 한다. 교육 방향은 우리 아이가 가정과 학교의 품에서 벗어나 본격적으로 자신의 역량을 펼치며 살아야 할 세상을 향해야 한다. 날마다 기술 혁명이 일어난다는, 우리 아이가 살아야 할 미래는 어떤 세상인가? 부모가 한 번도 경험해보지 못한 세상이다. 그러므로 교육의 기준 또한 부모가 경험했던 세상을 기준으로 삼아서는 안 된다.

부모는 산업성장 사회에서 태어나고 자라서 사회에 진출한 세대이다. 당시에는 단순 암기와 기계적인 문제풀이로 단련된 기술로 정답을 빨리 찾는 것이 통하는 시대였다. 그러나 4차 산업혁명을 맞이한 지금은 예측 불허의 문제가 속출하는 시대이기 때문에 정답을 빨리 찾는 기술은 쓸모가 없다. 지금은 창의적인 문제해결 능력이 있어야 살아남는 시대이다. 그런데도 부모가 아이에게 과거 사회에서나 경쟁력이 있던 능력을 키우도록 강요하면 어떻게 될까? 교육열이라는 이름으로 포장된 부모의 욕심이 아이를 궁지로 밀어 넣는 건 아닐까?

스프링복의 비극

주로 아프리카 남부지역에 사는, 스프링복(springbok)이라 불리는 영양이 있다. 순한 초식 동물인 스프링복 무리는 평소에는 천천히 풀을 뜯어 먹으며 대열을 갖춰 평화롭게 움직인다. 하지만 점점 무리가 커져 수천 마리가 되고 풀이 부족해지면, 스프링복은 풀을 차지하기 위해 서로 앞서려고 다투기 시작한다. 워낙 숫자가 많다 보니 뒤에 오는 무리는 먹을 풀이 남아 있지 않기 때문이다. 이때 뒤에 오는 스프링복 중 몇 마리가 풀을 차지하기 위해 앞질러 뛰기 시작한다. 그러면 뒤처진 무리도 뒤질세라 덩달아 뛰기 시작한다. 급기야는 수천 마리의 무리가 동시에 달리기 시작한다. 상대방이 뛰니 나도 뛰고, 뒤에서 뛰니 앞에서도 뛰는 것이다. 이렇게 한번 시작한 질주는 멈출 수 없게 된다. 그러다 낭떠러지를 만나면, 달려오던 힘 때문에 멈추지 못하고 떨어져 죽는 경우가 심심찮게 발생한다. 이것이 바로 '스프링복의 비극'이다. 왜 뛰는지 어디를 향해 가는지 모르고 뛰다가 공멸의 길을 가는 것이다.

이 스프링복의 모습이 현재 우리 교육과 닮은 건 아닐까? 남들이 뛰니까 나도 뛰는 것은 위험하다. 마찬가지로 남들이 선행 학습을 하니까, 남들이 학원을 보내니까, 남들이 대학을 가니까 내 아이도 뛰게 하는 것은 위험하다. 자녀교육에 열심인 것은 개인의 발전이나 국가 발전에 중요하다. 그러나 다 같이 낭떠러지에서 떨어지지 않으려면, 교육의 가치관과 방향이 올바라야 한다.

20세기에는 남을 뛰어넘는 능력이 경쟁력이었지만, 21세기에는 나만의 개성이 경쟁력이다. 이것을 깨닫고 자신의 교육열을 점검 할 수 있는 부모가 바로 21세기형 부모다.

3
아이를 실험대상으로 만드는 엄마의 정보력

무엇이 우리 아이의 미래를 보장할 부모력인가?
그것은 정보력이 아니라 정보의 옥석을 구분하는 부모의 능력이다.

우리나라에서 자녀를 성공적으로 키우려면, 3가지 조건이 필요하다고 한다. 첫째, 엄마의 정보력. 둘째, 아빠의 무관심. 셋째, 할아버지의 재력이다. 대한민국의 교육 실태를 여실히 드러낸 말이기에 마냥 우스갯소리로 치부하기는 어렵다. 그런데 이 조건이 21세기를 살아가는 우리 아이들에게도 여전히 통하는 것일까?

부모력

최근 '부모력'이라는 신조어가 등장했다. '부모력'이란 말 그대로 '부모가 자녀를 교육하기 위해 가져야 할 능력, 자질, 역할'을 의미한다. 우리는 사실, 어느 날 갑자기 부모가 된다. 임신과 함께 엄마라는 역할이 부여되지만, 정작 엄마가 되기 위한 실질적인 준비는 전무하다시피 하다. 그래서 세상에 처음 태어난 아이는 아이의 역할을 너무 잘하는데, 엄마는 엄마의 역할이 서툴고, 시행착오를 거듭한다. 지금은 낳아놓으면 아이가 알아서 크는 세상이 절대 아니다. 오늘날은 부모의 역량이 아이의 인생에 큰 영향을 미치는 시대다. 부모력에 따라 아이의 인생이 달라진다.

부모력 중 첫째가 엄마의 정보력이라는 것은 어찌 보면, 정보화 시대에 매우 현실적이고 적합한 말로 들릴 것이다. 실제로 우리 주변에는 날마다 교육 정보를 찾아 이리저리 헤매는 엄마, 학원이나 과외 교사에 관한 정보를 줄줄이 꿰고 있어 학원가와 주변 엄마들을 쥐락펴락하는, 일명 돼지엄마를 심심찮게 볼 수 있다.

그런데 조금만 더 생각해 보면 여기서 말하는 엄마의 정보력이란, 대학 입학 목적 이외에는 별 소용이 없는 말임을 알게 될 것이다. 엄마가 수집하는 모든 정보는 아이가 대학 입시를 성공적으로 치르기 위한 것에 초점이 맞춰져 있다. 아직도 엄마는 좋은 대학, 명문 대학을 들여보내는 것이 최고의 부모력이라고 착각하는 것이다.

이 때문에 세상이 변해서 대학이 더는 인생의 성공 사다리가 되지 못함에도, 부모는 여전히 대학 입시에 매달린다. 그런데 이런 정보력이 아이 인생에 바람직한 영향을 줄 수 있을까?

또한, 매일 초 단위로 정보가 쏟아지는 세상, 내 손 안의 컴퓨터로 모든 정보를 공유하는 세상, SNS로 전 세계가 실시간으로 연결된 세상에서 과연 엄마의 정보력이 힘을 발휘할 수 있을까? 지금은 소수의 누군가만 정보를 소유하고 독점할 수 없는 세상이다. 이런 세상에서는 정보력이 아니라 무차별하게 쏟아지는 정보의 옥석을 가려낼 수 있는 능력, 즉 비판적인 사고력이 더 필요하다.

따라서 부모에게는 아이에게 적합한 정보를 찾아내고 그 진위와 타당성을 구분하는 힘이 필요하다. 즉 21세기의 부모력은 정보력이 아니라 정보의 옥석을 가려내는 힘이다. 이를 기르지 않으면 엄마의 무분별한 정보력으로 우리 아이들은 끊임없는 실험 대상이 될지도 모른다. 우리 아이에게 진짜 필요한 정보의 중심에는 대학이 아니라 아이가 있어야 한다.

아빠의 무관심, 할아버지의 재력 맞나요?

엄마의 정보력이라는 말은 엄마의 적극적인 태도를 드러낸 말인 데 비해, '아빠의 무관심, 할아버지의 재력'이라는 말은 대한민국 자녀교육의 비뚤어진 모습을 대변하는 말이다.

대한민국의 가정과 사회 구조상 엄마가 교육의 중심에 있는 것은 사실이지만, 한발 더 나아가 의도적으로 자녀교육에서 아빠를 배제하는 것은 교육 목표를 사교육과 대입에만 두고 있기 때문이다.

전 세계에서 행복지수가 늘 상위권에 있는 나라가 있다. 북유럽 국가 노르웨이다. 행복, 삶의 질, 평등 관련 지수에서 노르웨이는 늘 최상위권에 있다. 《오늘은 여기까지만 하겠습니다 아이와 만화 보는 날이라서요》의 저자는 이 비결을 매우 가정적인 아빠의 모습에서 찾고 있다. 아내의 꿈을 뒷바라지하기 위해 장관직을 그만두고 가정주부가 된 노르웨이 교통통신부 솔비크올센 장관의 이야기는 우리의 정서로는 좀 이해하기 어려운 면이 있는 것 같다. 노르웨이의 한 기업 임원(그는 아빠다)이 수백억 원대의 계약 관련 회의를 하다가 시간이 됐다고 중도에 퇴근해 버린 이야기 또한 대한민국에서는 찾기 어려운 이야기다. 그 이유가 "아이와 포켓몬스터 만화를 보기로 약속한 날이기 때문"인 것을 알면 더 놀랄지도 모르겠다. 저자는 노르웨이 사람이 행복한 이유는 가정에서 아빠의 역할이 크기 때문이라고 말하고 있다.

대한민국은 세계가 부러워할 정도로 경제 규모가 커졌지만 국민의 행복지수는 매우 낮은 수준이다. 그 이유는 아빠가 집에 있을 시간이 부족하기 때문은 아닐까. 또 아이와 포켓몬스터 만화를 볼 시간과 마음의 여유가 없기 때문이 아닐까. 교육의 중심에는 아이가 있다. 그리고 아이를 지지하고 격려해 줄 사람은 엄마, 아빠 모두여야 한다.

무엇이 우리 아이의 미래를 보장할 부모력인가? 그것은 정보력이 아니라 정보의 옥석을 구분하는 부모의 능력이다. 자녀의 미래를 위해 함께 고민하고 손잡아 줄, 그리고 지속해서 지켜봐 줄 부모 그 자체다.

재력이 막강해서 아이에게 남다른 풍요로움을 주는 것은 부모의 자기만족일 뿐이다. 모르긴 해도, 아이가 먼저 원한 적은 없을 것이다. 어쩌면 약간의 부족함이 아이 스스로 성장할 동력이 되어 주지 않을까? 이것을 알아차리는 부모가 21세기형 부모다.

4
맙소사,
아직도 대학이 공부의 전부라니요

아이의 개성과 기질에 따라 적성을 발견하고, 그 적성을 키우기 위한 방법의 하나로 대학을 고려한다면 21세기형 엄마다.

대한민국은 전 세계적으로 상위권에 드는 초고학력 사회다. 2020년엔 우리나라 25~64세 인구 중 대졸 비율이 절반을 넘고, 2035년엔 70%까지 올라설 것이라는 연구 결과도 있다. 이는 세계적으로 유례없는 속도로 한국이 초고학력 사회로 진입하고 있다는 것을 보여준다. 대한민국 국민 대다수가 대졸자인 사회에서 대학 졸업이라는 학력이 과연 경쟁력이 될 수 있는가?

이뿐만 아니라 우리나라 석·박사 학위 취득자는 해마다 급증

하고 있다. 하지만 10년가량 공부해서 박사 학위를 따도 직업이 없는 박사 백수, 일명 '박수'가 태반이다. 어쩌다 이렇게까지 된 것일까?

고학력 백수 전성시대

이전 세대에게 대학 졸업이라는 학력은 고소득의 평생직장을 보장해 주는 일종의 보험과도 같았다. 그동안 대학, 특히 명문대라는 학벌을 고집했던 이유는 오직 하나다. 삼성이나 현대 같은 대기업, 대형 증권사나 은행 같은 금융권 등에 취업하고, 의사나 변호사 같은 고소득 전문직에 종사하기 위한 것이었다.

그러나 이것은 이미 빛바랜 사진 속 이야기가 됐다. 소수의 우등생이 필승을 외치며 오직 명문대 입학을 목표로 공부하던 부모 세대와 지금의 분위기는 여러 면에서 너무나 다르다. 2016년 기준, 고등학교 졸업생(60만 7,598명)보다 대학의 입학 정원(75만 6,527명)이 많아져 지금은 꼴찌도 대학에 들어갈 수 있다. 게다가 대학 입학생 수가 정원에 한참 모자라 퇴출 위기에 놓인 대학도 느는 실정이다.

게다가 기업들은 사원 채용을 스펙과 학벌 위주로 공개 채용하던 방식에서 필요할 때마다 기업이 원하는 능력을 갖춘 직원들을 수시로 채용하는 방식으로 바꾸고 있다. 앞으로는 스펙과 학벌이 화려하다고 해서 무조건 기업이 뽑아 줄 거라 생각하면 큰 오산이다. 이처럼 부모 세대와는 상황이 완전히 다른데도, 아이에게 오직 대학만을 부르짖는다면, 시대가 원하지 않는 '고학력 백수'만 끊임없이 양산하는 꼴이 된다.

앞에서 말한 바와 같이 우리가 그렇게 대학에 목숨을 걸었던 이유는 고소득의 안정된 직장에 취업하기를 원했기 때문이다. 깔끔한 사무실에 출근해서 그동안 쌓은 지식으로 사무를 보다가 정시에 퇴근하고, 정해진 날에 또박또박 월급을 받는 화이트칼라를 모두가 원했다.

그런데 지금 4차 산업혁명의 기술혁신으로 전 세계에서 화이트칼라가 소리 없이 사라지고 있다. 기술 혁신 시대에 단순 반복 업무를 수행하는 직종은 사라질 위험이 큰 직종 중 하나다.

대량의 화이트칼라를 양산했던 학벌 시스템 안에서 얌전하게 시키는 일만 잘하는 고학력자들은 이제 사회에서 설 자리가 좁아지고 있다. 그런데도 여전히 (명문) 대학교만 바라보는 공부를 하고 있다면 상황은 생각보다 심각해진다. (명문) 대학이 우리 아이의 미래를 책임져줄 것이라는 환상을 버려야 한다.

중2병이 아니라 대2병

혹시 '대2병'이라는 말을 들어 본 적 있나? 질풍노도의 시기, 사춘기의 대명사 '중2병'을 빗댄 말이다. 입시지옥에 시달리며 겨우겨우 들어갔으나 입학의 기쁨은 잠시, 자신의 의지나 뚜렷한 목표 없이 부모가 원하니까, 남들이 가니까 간 그곳이 그리 특별하게 느껴지지 않는다. 고등학교와 크게 다를 바 없고, 전공도 자신의 적성과 맞지 않는다. 자신에 대한 충분한 고민 없이 그저 성적에 따라 선택한 전공이 적성에 맞는다는 건, 로또 당첨만큼 어려운 일이 아닐까. 대학교 1학년은 새로움으로 어찌어찌 보낼지라도, 본격적으로 전공 수업을 듣는 2학년 즈음부터 자아나 미래에 관한 고민으로 방황하고, 심지어 우울증까지 경험하는 사례가 부쩍 늘고 있다고 한다. 일명 '대2병'에 걸린 것이다.

대학교만 들어가면 만사형통, 일사천리로 앞길이 펼쳐질 것이라는 어른들의 독려에 기대어 그럭저럭 대학에 들어갔으나, 사실 대학이 미래를 보장해 주는 곳이 아니라는 것쯤은 부모도 안다. 그러니까 어느 순간 대학생들은 자신이 누구인지, 자신이 왜 이곳에 왔는지, 자신이 무엇을 하고 싶은 건지 도통 헷갈리기 시작한다. 중 · 고등학교 때 치열하게 고민해야 할 것을 대학교에 와서 하고 있으니 순서가 바뀌어도 한참 바뀐 것이다. 그러나 이런 고민이라도 생겨 대2병을 앓는 학생들은 그나마 괜찮다. 고민하다

보면, 시간이 걸리더라도 자신의 길을 찾을 테니까. 문제는 대학 4년 등록금, 어학 연수비, 천편일률적인 스펙 쌓는 비용 등 1억 가까운 학비를 쏟아부으면서도 그저 간판만 따서 나오는 아이들이 태반이라는 점이다.

그 아이들은 자신이 고학력자라는 자존심 때문에 누구나 알아주는 일자리만 찾다가 결국은 구직 활동마저 포기한다. 이 일련의 사태는 대체 누구의 책임인가. 이 승산 없는 게임은 대체 언제까지 할 것인가.

더는 공부의 목적이 대학이어서는 안 된다. 최근 우리 사회는 취업을 넘어 창직으로 나아가고 있다. 정해진 직장에 취업하는 것이 아니라, 스스로 업을 창출하는 시대인 것이다. 그러므로 대학을 들어가느냐 마느냐가 인생의 목적이 되어서는 안 된다. 게다가 대학에서 전공 관련 이론만 쌓는 공부는 이제 의미가 없다.

그보다는 자신의 소질과 적성을 찾아 실력을 갖추어야 한다. 그 실력을 쌓기 위해 더 크고 깊은 학문이 필요하다면, 그래서 대학과 전공을 선택했다면, 학교 간판과 상관없이 그곳이 명문대다.

남들이 가니까, 사회가 대학 간판을 요구하니까 대학에 가야 한다는 구시대적 사고방식으로 아이를 이끌고 있다면, 20세기형 엄마다. 반면에 아이의 개성과 기질에 따라 적성을 발견하고, 그 적성을 키우기 위한 방법의 하나로 대학을 고려한다면 21세기형 엄마다.

5
교육에 매몰되지 말고 한 발 빠져나와 보자

**미래의 아이들은 5차, 6차 산업혁명을 넘어
매일 매일 혁명의 시대를 살게 될 가능성이 크다.**

숲속에 있으면 나무는 볼 수 있되, 숲은 볼 수 없다. 숲에서 빠져나와야 비로소 숲 전체를 바라볼 수 있다.

대한민국에서는 분위기에 휩쓸려 교육열이 높아야만 자녀에게 책임을 다하는 부모라고 생각한다. 하지만 교육의 본질에 관한 깊은 고민 없이 교육열만 높은 부모는 위험하다. 교육열이 높은 부모일수록 숲을 보지 못한 채, 눈앞에 있는 나무만 열심히 키우는 경우가 많기 때문이다.

하지만 생각해 보자. 숲에 어울리지 않는 나무는 언젠가 뽑히기 마련이다. 그러므로 자신이 숲과 상관없이 나무만 화려하게 키우는 부모는 아닌지 스스로 점검해 봐야 한다. 숲과 나무는 떼려야 뗄 수 없는 관계다. 따라서 숲과 조화를 이루는 나무가 결국 좋은 나무이다. 나는 어떤 나무를 키우는 부모인가. 혹시 나무만 보고 숲은 보지 못하는 부모는 아닌가?

이전에도 산업혁명이 있었다

인류는 지금까지 3번의 산업혁명을 겪었다. 18세기 말 영국에서 시작된 1차 산업혁명은 증기기관의 등장으로 가내수공업 노동자들의 일자리를 빼앗았다. 이때 삶의 위협을 느낀 신기술 반대자들은 공장의 기계를 불태우고 폭동을 일으키며 거세게 반항했다. 하지만 1차 산업혁명은 유럽 여러 나라와 미국 등으로 전파되며 사회, 정치, 경제, 문화 등 다양한 분야에 영향을 끼쳤다.

이후 19세기, 전기기관의 등장으로 2차 산업혁명을 맞이한 인류는 본격적인 대량생산의 시대를 맞이했다. 농촌에서 도시로 사람이 몰려들어 공장의 부품과 같은 단순노동을 직업으로 갖게 됐다.

20세기 말, 컴퓨터와 정보 통신 기술의 발달로 공장은 자동화 시스템으로 바뀌었고, 사람이 하던 단순 작업은 더 진화된 기계와 컴퓨터가 맡기 시작했다. 바로 3차 산업혁명이다. 이처럼 거듭된 기술혁신으로 농업 중심에서 산업 중심으로, 그리고 노동 중심 산업에서 자동화된 산업으로 경제 구조가 바뀌면서 인류는 풍요로운 삶을 누리게 되었다.

하지만 밝은 면이 있으면 어두운 면도 있는 법이다. 산업혁명을 여러 차례 겪으면서 기계가 인간의 일자리를 상당 부분 대체하게 되었다. 이 때문에 사람들은 새로운 사회에 적응하고 이를 받아들이기 위해 한 바탕 홍역을 치를 수밖에 없었다.

차원이 다른 혁명, 4차 산업혁명

그런데 문제는 지난 1~3차 산업혁명과 4차 산업혁명은 그 양상이 근본적으로 다르다는 것이다. 1~3차 산업혁명이 하드웨어에 기반을 둔 기술 혁명이었다면, 4차 산업혁명은 소프트웨어에 기반을 둔 디지털 혁명이다. 따라서 앞선 3번의 기술 혁명은 기술력 있는 기업의 주도로 진행되었으나, 4차 산업혁명은 기존의 기술을 다른 방향으로 사용하는 소프트웨어, 즉 사람 중심, 아이디어 중심으로 진행되고 있다.

이것은 4차 산업혁명 시대에 알맞은 인재를 양성하지 못하면 시대의 흐름을 탈 수 없다는 말이기도 하다. 《4차 산업혁명 교육이 희망이다》의 류태호 저자는 미국이나 영국이 4차 산업혁명을 선도하는 원인을 기술력이 아니라 우리와 다른 교육방식에서 찾고 있다.

책에 따르면 미국이나 영국 등 선진국 교육 시스템의 중심에는 토론·토의 등으로 다양한 해답을 찾는 교육 방법이 자리잡고 있다. 학생들은 이를 통해 문제해결능력을 키우고, 다양한 관점으로 생각하는 방식을 익혀 남다른 창조력을 갖춘다. 반면에 우리에게 여전히 중요한 주입식 암기 위주의 교육은, 정해진 일을 반복하는 화이트칼라의 일자리가 남아있던 3차 산업혁명 시대에서나 통하던 교육이다.

교육에서 빠져나와야 비로소 보인다

세상의 변화는 교육의 변화를 필연적으로 요구한다. 4차 산업혁명 시대에 맞는 교육으로 '바뀔 것이다'가 아니라, '바뀔 수밖에 없다'. 교육이 결국 미래 사회의 경쟁력이기 때문이다.

이것이 바로 부모가 숲을 바라보며 나무를 키워야 하는 이유이다. 1차 산업혁명에서 2차 산업혁명으로의 변화는 100년이라는 시간이 걸렸다. 그리고 다시 100년 후 3차 산업혁명이 왔다. 이것은 인류가 아주 오랫동안 기존 방식을 유지하며 살 수 있었다는 뜻이기도 하다. 그런데 3차 산업혁명 이후, 50년이 채 안 되어 인류는 4차 산업혁명을 선언하기에 이르렀다. 이에 비추어 볼 때, 미래의 아이들은 5차, 6차 산업혁명을 넘어 매일 매일 혁명의 시대를 살게 될 가능성이 크다.

부모가 열과 성을 다하여 자녀의 뒷바라지를 하는 이유는 아이가 사회에 나가 자신의 가치를 빛내며 행복하게 살기를 바라서다. 그런데 사회 변화와 상관없는 교육은 나 혼자만 보기 좋은 나무를 열심히 키우는 것이나 다름없다.

자녀교육에 매몰되지 말고 한 발 빠져나와 보라. 그리고 세상의 변화를 느껴보라. 자녀교육에만 빠져 있으면, 부모가 경험했던 과거의 주입식·암기식 교육 방법밖에 안 보인다. 우리 아이들은 21세기의 변화를 주도할 아이들이다. 그에 맞는 교육이 진짜 교육이다.

2부

제대로 이해해야 한다

디지털 혁명사회

가장 중요한 것은 질문을 멈추지 않는 것이다.

호기심은 그 자체만으로도 존재 이유를 갖고 있다.

– 알버트 아인슈타인 Albert Einstein

6
인공지능 스피커에게 물었다. "오늘 저녁은 뭘 먹지?"

그렇다면 신기술이 못하는 것은 무엇일까?
오로지 인간만이 할 수 있는 것은 무엇일까?

2016년 1월 스위스 다보스에서 열린 세계경제포럼에서는 '4차 산업혁명'을 화두로 삼아 심도 있는 논의가 이루어졌다. 이후 '4차 산업혁명'은 전 세계의 뜨거운 이슈로 떠올랐다. 소프트웨어에 기반을 둔 '4차 산업혁명'은 하드웨어에 기반을 둔 그동안의 산업혁명과는 본질적으로 다르다. 4차 산업혁명은 인류에게 기회이기도 하고 위협이기도 할 것이다. 그러나 중요한 것은 4차 산업혁명이 우리 앞에 이미 와 있다는 사실이다.

러다이트 운동

18세기 말 증기기관의 등장으로 시작된 1차 산업혁명은 노동자들에게는 위협이었다. 일자리를 뺏긴 그들은 기계에 저항하는 '러다이트 운동'을 일으켰다. '러다이트 운동'이란 영국 중·북부의 직물 공장에서 일어난 기계파괴운동을 말한다. 노동자들은 실업과 생활고를 기계 탓으로 돌려 공장을 불태우고 기계를 부수는 운동을 일으켜 거세게 저항했다. 사실 지금도 준비가 안 된 많은 사람에게 4차 산업혁명은 위기와 위협으로 다가오고 있다.

그러나 우리는 어느덧 일상으로 깊이 들어 온 신기술을 누리며 살고 있기도 하다. 4차 산업혁명을 주도하는 신기술은 로봇, 인공지능, 사물인터넷, 빅데이터, 3D프린터, 가상현실, 증강현실 등이다. 처음에는 낯설었지만, 이제는 이러한 기술이 우리 생활 속으로 들어와 생활의 일부가 되어가고 있다.

초연결·초지능 사회

스마트폰의 출현으로 우리의 생활을 풍요롭게 해 주던 많은 물건들이 졸지에 원시 시대의 물건이 돼 버렸다. 이제 굳이 사무실에 출근해서 컴퓨터 앞에 앉아있지 않아도, 스마트폰 하나만 있으면 대부분의 업무처리가 가능한 시대가 되었다.(그런데도 아직 많은 사람이 회사에 출근한다.)

이뿐만이 아니다. 일과를 마치고 집에 들어오면 조명이 저절로 켜지고 주인의 취향에 맞게 밝기를 알아서 조절한다. 스마트폰과 연결된 전기밥솥과 에어컨은 퇴근 전에 미리 작동해 놨다. 집에 도착해서 문을 여니 시원한 바람이 지친 몸을 반긴다. 씻고 나오자 밥솥이 말을 한다. "취사가 완료되었습니다."

우리 가족의 특성에 맞게 맞춤형으로 디자인한 냉장고는 식재료의 칼로리를 계산해 주고, 어떤 식재료가 떨어졌는지 파악해서 주문까지 해 준다. 또한, 원하는 시간에 배송해 주는 맞춤 시스템 덕분에 항상 신선한 재료를 즐길 수 있다. 이처럼 모든 사물은 서로 연결되고, 음성인식 서비스의 성능은 점차 업그레이드돼 가고 있다.

요즘은 또 집마다 인공지능 비서가 한 대씩 있다. 주인과 대화를 거듭하면, 어휘력도 늘고 농담도 곧잘 한다. 외출 전 말 한마디만 건네면, 날씨와 미세먼지 지수까지 바로 알려준다. 또한, "좋은 음악 들려줘" 한마디에 주인의 취향에 맞는 음악을 정확히 찾아 들려준다. 평소 주인이 즐겨 듣던 음악을 빅데이터에 저장해 두고 분석한 덕분이다. 스마트폰을 열어 잠금장치를 풀고 검색사이트에 들어가서 들을 음악을 검색하는 것이 귀찮은 일이 되고 말았다. 말 한마디면 되기 때문이다.

어느 날 저녁 식구들과 모처럼만의 외식을 궁리하다 인공지능 스피커에게 도움을 요청했다. “오늘 저녁 메뉴는 무엇이 좋을까?” 인공지능 스피커는 지체하지 않고 동네 맛집을 줄줄이 말해 주었다.

스마트해 보이는 인공지능 스피커가 기특해서 다시 물었다.

“넌 지금 뭐 하고 있니?”

“당신을 생각하고 있어요.”

“….”

세상의 진화와 내 아이의 경쟁력

이 모든 것들은 앞으로 벌어질 일을 가상으로 그린 것이 아니다. 현재 일상에서 일어나는 일이다. 4차 산업혁명 기술 혁신의 특징은 초연결, 초지능이다. 어떤 산업 분야든 연결이 가능하다. 따라서 기존의 산업혁명보다 더 넓고, 더 빠르게 영향을 미친다.

부모라면 이런 세상과 아이들과의 관계성을 읽어야 한다. 이런 속도라면 조만간 SF(사이언스 픽션)의 이야기가 현실이 되지 않을까? 지금보다 더 진화한 세상으로 나갈 아이들이다. 미래에 우리 아이에게 필요한 경쟁력이 무엇일까 고민해야 할 때다.

그러므로 부모는 생활 속으로 들어온 신기술의 편리함만 누릴

게 아니라, 신기술이 무엇을 잘하는지 살펴보아야 한다. 인공지능, 빅데이터, 사물인터넷, 가상현실, 증강현실 등이 잘하는 것을 지금 우리 아이가 공부하고 있다면, 그 공부는 아이에게 도움이 안 될 것이다.

그렇다면 신기술이 못하는 것은 무엇일까? 오로지 인간만이 할 수 있는 것은 무엇일까? 해답을 찾기 위해서는 디지털 혁명에 관해 좀 더 깊숙이 공부해야 한다. 기술은 퇴보가 없다. 오직 전진만 있을 뿐이다. 지금의 상황을 바탕으로 아이가 살아갈 세상을 유추해서 대비해야 할 책임은 부모에게 있다.

7
2030년, 어떤 일이 일어날까?

"기술 발전은 상상 너머의 세계를 내다보게 하고 있다.
언젠가 미래 직업이 우리 앞에 나타날 것이므로 준비해야 한다"

영국 드라마 〈휴먼스〉는 인간과 거의 흡사한 수준의 휴머노이드 AI로봇이 가정의 필수품이 된 미래 세상을 가상으로 그려냈다. 드라마 속의 로봇은 겉만 봐서는 사람인지 AI로봇인지 분간이 안 갈 정도로 비슷하다. AI로봇은 사람들이 하기 힘든 일, 집안일, 또는 홀로 사는 노인을 돌보는 일 등을 한다. AI로봇은 사용자에 맞춰 스스로 세팅하고 업그레이드하고 충전한다. 로봇 쇼핑센터에는 이런 휴머노이드 AI가 즐비하게 늘어서 있다.

가상이 가상이 아닌 시대

드라마의 주인공 가정에서는 맞벌이하는 바쁜 엄마를 대신해 가사 일을 해 줄 휴머노이드 '에니타'를 구입한다. 에니타는 가정부처럼, 혹은 보모처럼 성실하고 빈틈없이 집안일을 해낸다. 그러나 엄마는 이런 에니타가 마냥 편리하기보다는, 가정에서 자신이 로봇으로 대체당하는 듯한 미묘한 감정을 느낀다.

어린 딸은 엄마보다 에니타가 책을 읽어주는 것에 더 만족한다. 엄마처럼 짜증내지도, 서두르지도 않기 때문이다. 고등학생 큰딸은 이런 AI 천국에서 더는 공부를 열심히 할 필요를 느끼지 못한다. 여러 해 동안 열심히 공부해서 의사가 된다 해도 자신을 능가하는 AI 의사가 초 단위로 쏟아져 나올 것이기 때문이다.

〈휴먼스〉는 가상 세계를 드라마로 제작한 것이지만, 결국은 현실을 기반으로 미래 이야기를 하고 있다. 지금의 과학기술 발전 속도로 보았을 때 드라마 속의 휴머노이드 에니타와 지금 당장 함께 사는 것은 어렵겠지만 그렇다고 한참 후도 아닐 것 같다. SF 영화나 드라마를 그저 재미로만 보기에는, 오늘날 세상이 너무 빨리, 혁신적으로 변하고 있다. 미국의 소설가 윌리엄 깁슨은 "미래는 이미 와 있다. 단지 널리 퍼져있지 않을 뿐이다"라고 했다.

부모가 미래를 읽어야 한다

우리가 부모로서 미래를 봐야 할 이유가 뭘까? 자녀교육의 기준은 아이가 살아야 할 미래에 두어야 하기 때문이다. 아이가 가정과 학교의 그늘에서 벗어나 경쟁력을 갖추고 스스로 살아가야 할 세상을 바라보고 있는가? 아니면 부모가 살아왔던 아날로그 세상의 기준으로 아이를 대하고 있는가?

사람들은 종종 불편한 진실이나 현실을 외면하려는 경향이 있다. 그동안 해왔던 대로, 익숙한 대로 하는 것이 편하기 때문이다. 하지만 부모는 불편해도 변화를 직시해야 한다. 자녀의 인생은 부모에 의해 바뀐다 해도 과언이 아니기 때문이다. 부모가 미래를 바라보면, 아이도 미래를 바라본다. 그러나 부모가 과거만 바라보면 아이는 미래를 보고 싶어도 볼 수 없다. 그런 의미에서 부모는 미래를 보려는 노력을 게을리해서는 안 된다. 아이를 위한 교육의 기준은 과거나 현재가 아니다. 2030년, 2050년을 바라봐야 아이에게 유용한 교육이 될 것이다.

드론, 자율자동차, 3D프린터

세계적으로 인정받는 미래학자 토마스 프레이(Thomas Frey)는 4

차 산업혁명 시대에 적응하기 위해서는 그에 필요한 기술을 배워야 한다고 강조했다. 그러면서 그는, 2030년에 보편적으로 일어날 일 3가지를 예측했다.

첫째, 드론을 이용한 무인택배의 대중화다. 토마스 프레이는 2030년, 일주일에 서너 번은 드론이 우리 집 안방까지 물건을 가져다줄 것으로 예측했다. 실제로 아마존이나 알리바바와 같은 전자상거래 기업은 드론을 이용한 물류기술 개발에 적극 투자 중이다. 우리나라도 이미 2017년에 드론으로 우편물 배송에 성공한 사례가 있다. 따라서 2030년에 드론을 이용한 무인택배 대중화는 그리 어려운 일이 아닐 것이다. 그렇다면 드론 기술 때문에 없어지거나, 혹은 새롭게 생기는 직업은 무엇일지 추측해 볼 수 있어야 한다.

둘째, 자율자동차의 상용화다. 최근 한 관계자는 자율자동차가 상용화되면 인간의 운전은 위법이 될 것이라는 추측을 내놓았다. 자율자동차 사이로 인간이 운전하는 차가 다니면 예측 불가능한 상황(사고)이 벌어질 수 있기 때문이다. 따라서 "인간이 운전을 하고 싶으면, 도로에 나오지 말고 정해진 공간에서만 취미 활동으로 운전을 해야 할 것이다"라고 했다.

자율자동차는 상용화되면, 사람이 직접 운전하지 않아도 되니 여유 시간이 더 많이 생기게 될 것이다. 이 여유 시간에 인간은 무엇을 해야 할까? 어떤 일을 해야 더 큰 경쟁력을 갖출 수 있을까? 그리고 운전 관련 일을 하는 사람, 혹은 운전 관련 일을 하려던 사람은 자율자동차 상용화 시대를 어떻게 대비해야 할까? 이런 질문은 자율자동차뿐만 아니라 모든 신기술 분야에 해당하는 질문일 것이다. 따라서 이에 대한 해답을 찾는 것이 미래 사회를 대비하는 방법이 될 것이다.

셋째, 3D프린터의 대중화다. 현재 3D프린터 기술은 의료, 건축, 자동차, 패션, 교육 등 다양한 분야에 쓰이고 있다. 중국에서는 몇 년 전에 이미 3D프린터를 이용하여 하루에 10채의 집을 출력했다. 비용은 우리나라 돈으로 한 채당 600만 원 정도 들었다고 한다.

이처럼 3D프린터는 점점 대중화되어 가정 생필품이 될 것이다. 이런 시대가 오면, 우리는 각자 기호에 맞게 필요한 생활용품을 출력하여 사용할 것이다. 시간과 비용, 그리고 자원 재활용의 측면에서 볼 때 이보다 혁신적인 기술은 없다. 그런데 혁신적인 만큼 인간이 설 자리는 점점 줄어들 것이다. 그렇다면 인간은 어떻게 대비해야 할까?

토마스 프레이는 2030년이 되기 전에 20억 개의 일자리가 사라지리라 예측했다. 그리고 "기술 발전은 상상 너머의 세계를 내다보게 하고 있다. 언젠가 미래 직업이 우리 앞에 나타날 것이므로 준비해야 한다"고 했다.

2030년 이후의 세상을 우리는 〈휴먼스〉라는 드라마와 미래학자 토마스 프레이의 주장을 통해 들여다 보았다. 이제 우리 아이들은 무엇을 하고, 무엇을 꿈꾸어야 할까? 아이가 혼자서 찾도록 내버려 두어야 할까? 아니다. 부모가 미래를 들여다 보려 노력해야 한다. 아이의 장래가 달린 일이기 때문이다.

8
이 세상에서 가장 근면·성실한 '키바'가 얘기해 주는 것들

앞으로의 교육이 창의적이고 융합적으로 바뀔 수밖에 없는 이유를 아마존의 키바가 가르쳐준 셈이다.

전 세계를 대상으로 장사하는 전자상거래 기업 아마존을 모르는 사람은 드물 것이다.

미국 최대 전자상거래 기업인 아마존은 구할 수 없는 물건이 없을 정도로 많은 물건을 취급하고 있다. 아마존의 물류창고는 거대한 크기를 자랑하며 초당 수백 건씩 쏟아지는 주문을 처리하는 직원들로 항상 분주한 곳이다. 자칫 실수라도 해서 배송이 잘못되면 큰일이니 신속하고 정확한 업무처리가 매우 중요하다. 이런 문제를 해결하기 위해서 아마존은 물류창고에 '키바'를 설치했다. 키바는 거대한 물류창고에서 사람이 직접 물건을 찾아다니는 수고를 덜어주어 시간과 비용을 감소시킨 혁신적인 물류로봇이다. 키바의 등장은 무엇을 의미할까?

키바의 등장으로 사라지는 일자리

물류로봇 키바는 기업으로서는 물류 혁신을 일으켜 고정비를 절감하는 매우 효율적인 시스템이다. 키바가 사람 30~50명이 할 일을 홀로 해내고 있기 때문이다. 그러나 노동자에게는 어떤가. 물류로봇 키바가 인간의 일자리를 빼앗은 것이 아닌가. 아마존의 관계자는 직원을 문자 한 통으로 해고하면서 이렇게 말했다고 한다.

"당신은 피곤해서 하루에 8시간 이상 일할 수 없다. 당신은 가끔 아프기도 하며, 당신에게 나는 때때로 휴가를 줘야 한다."

하지만 키바는 어떤가. 키바는 하루 24시간 내내 피곤하지도, 지치지도, 아프지도 않고 일한다. 덕분에 아마존은 인건비를 줄여서 소비자에게 물건을 더욱더 값싸게 공급할 수 있다. 이처럼 선순환이 일어나니, 어떤 사장이 공장에 로봇을 사용하지 않겠는가.

성실·근면한 것만 따지면 사람이 로봇을 따라가기 어렵다. 게다가 로봇은 불평도 없다. 물론, 성실·근면이 인간의 경쟁력이었던 시절도 있었다. 그러나 지금은 성실·근면이 필요조건일 수는 있으나 충분조건은 아니다. 아마존의 키바는 성실·근면이 더는 인간의 경쟁력이 될 수 없다고 말하고 있다. 최근 아마존을 평생 직장으로 여겼던 한 노동자가 해고당하면서 "내가 직장을 이렇게 빨리 로봇에게 빼앗기게 될 줄 몰랐다"며 한숨을 내쉬었다고 한다. 이게 과연 아마존에서만 일어나는 일일까?

키바가 할 수 없는 것을 찾아라

자, 그럼 물류로봇 키바가 우리에게 알려주는 또 다른 면을 살펴보자. 우리는 점차 키바와 같은 로봇이 늘어나는 산업현장과 기업을 보게 될 것이다. 다시 말해, 공장과 사무실의 자동화로 일자리가 줄어드는 현실을 점차 받아들여야 한다는 것이다. 그럼 남은 일자리는 무엇인가? 아직도 아마존의 물류센터에는 사람들이 일하고 있다. 이들은 어떤 일을 하고 있을까?

키바가 사람의 일자리를 대체하는 것은 사실이지만, 전부 다는 아니다. 키바는 혼자서 모든 것을 처리할 수 있는 로봇이 아니다. 키바는 사람과 협업하는 코봇(Co-Bots)이다. 키바는 오직 정해진 환경에서 사람의 명령에 따라 예측 가능한 일만 할 수 있다. 스스로 상황을 판단하거나 예측하는 것은 현재로선 불가능하다. 그래서 키바가 광활한 물류센터를 돌아다니며 고객이 주문한 물건을 신속히 찾아오면, 직원이 최종적으로 확인하고, 선별해서 포장업무를 수행하도록 명령한다. 이처럼 단순하고 힘이 필요한 일은 키바가 담당하고, 상황에 맞는 판단이 필요한 섬세한 작업은 사람이 담당한다.

그렇다면 아마존에서는 누가 살아 남아있을 수 있을까? 순종적이고 성실·근면하여 시키는 일만 잘하는 사람일까? 아니면, 자발적이고 주도적이며 판단력과 독창적인 문제해결능력이 뛰어난 창의적인 사람일까? 당연히 후자다.

교육은 왜 바뀌어야 하나

세계적인 컨설팅 회사 매켄지의 보고서에 의하면, 로봇은 우리의 일을 빼앗는 것이 아니라 일의 종류를 바꿀 뿐이라고 했다. 로봇의 어원 'robota'는 체코어로 '노동'을 의미한다. 원래 로봇은 인간이 해야 하는 특정한 일을 대신하도록 만들어졌다. 그 특정한 일이란 위험하거나 인간이 하기에 고된 노동을 의미한다. 따라서 다양한 산업현장, 그리고 사무실에 로봇이 등장하여 자동화가 진행되면, 인간은 지금까지와는 다른 일을 해야 할 것이다.

로봇은 쉽고 단순한 일, 혹은 인간의 육체가 감당하기에 어려운 일을 하고, 인간은 창의적인 일, 복잡하고 쉽게 판단하기 어려운 일 등을 맡게 될 것이다. 이런 흐름 속에서 어떤 직업은 사라지겠지만, 어떤 직업은 새로이 생겨날 것이다.

아마존은 키바 시스템을 도입하기는 했지만, 전체적인 고용 인력은 오히려 증가했다고 한다. 키바로 인해 효율성을 높이고 비용을 절감한 덕분에 새로운 비즈니스가 창출되어 새로운 일자리가 만들어진 덕분이다. 다시 말해, 전체 고용 인력이 증가한 것은 기존의 단순 노동이 아닌 새로운 분야의 창의적인 업무가 늘었기 때문이다. 이는 기존의 단순주입식, 암기 형태의 공부로는 변화하는 세상에서 살아남기 힘들다는 의미이기도 하다. 앞으로의 교육이 창의적이고 융합적으로 바뀔 수밖에 없는 이유를 아마존의 키바가 가르쳐준 셈이다.

앞으로는 정해진 기술을 익히는 것보다 기술을 어디에 어떤 방식으로 활용할지를 생각해내는 창의적인 능력과 기획 능력이 중요해질 수밖에 없다. 키바에게 대체당하지 않고, 키바와 협력하며 살아가기 위해서는 이런 능력을 길러야 한다.

9
로봇 교사와 함께 공부하는 아이들, 에듀테크

인간의 경쟁력은 기계학습을 하는 인공지능이라는 새로운 도구를 어떻게 활용하느냐에 달려있다.

인공지능 로봇이 다양한 분야에서 활약을 거듭하면서 사람의 일자리는 점점 위협받고 있다. 최근 한국고용정보원은 2025년에 인공지능 로봇의 일자리 대체 가능성을 조사했다. 2025년 사람을 대체할 가능성이 큰 직업을 분석한 결과, 보건·의료 분야에선 약사·한약사가 68.3%로 가장 컸다. 이어서 간호사 66.2%, 일반 의사 54.8%, 치과의사 47.5%, 한의사 45.2%, 전문의 42.5% 순이었다. 이것은 무엇을 말하는 것일까? 이제는 안정적 일자리와 고소득을 보장하던 전문직조차도 더이상 안정적이지 않다는 말이다. 이런 경향은 갈수록 심해질 것이다.

우리 동네 약사는 AI

삼성서울병원에서는 로봇이 약을 짓는다. 2015년 9월 삼성서울병원은 국내에서 처음으로 '의약품 조제 로봇'을 들여왔다. 암 병원의 항암 주사제 조제 업무에 투입된 '아포테카 케모(APOTECA Chemo)' 조제 로봇은 독한 물질이 섞여서 조제가 까다로운 항암제를 하루 100개씩 만들고 있다. 병원 측에서는 이 조제 로봇이 실력 있는 약사 2~3명 몫을 하며 좋은 결과를 냈기에 추가 도입까지 결정했다. 이는 세계적인 추세다. 미국·일본의 대형병원에선 항암제 등 정맥주사를 만드는 조제 로봇 활용이 이미 일반화됐고, 대형 약국도 자동 조제기를 설치해 활용 중이다.

이런 상황에서 최근 인천의 길병원에서는 인간 의사와 인공지능 의사 왓슨의 진단이 다를 경우 어느 쪽을 신뢰할지 환자 설문조사를 했다. 설문 결과는 어땠을까? 한 사람도 빠짐없이 왓슨의 진단을 더 신뢰한다고 답했다. 의사나 약사도 인간인지라, 종종 실수한다. 그런데 의료계는 인간의 생명을 다루는 곳이므로 단 한 번의 실수로도 치명적인 결과를 가져올 수 있다. 따라서 인간보다 더 방대한 지식을 갖고 있고, 진단이 더 확실한 AI 로봇을 전적으로 신뢰하는 것이 그리 이상한 일은 아닐 것이다. 인공지능이 의사의 80%를 대체할 것이라는 코슬라 벤처스의 대표 비노드 코슬라(Vinod Khosla)는 이렇게 말했다.

"인공지능을 이용하면 순식간에 인간보다 더 높은 특이도와 민감도로 판독할 수 있다. 나는 이제 이런 인공지능 없이 영상 판독을 하는 것은 범죄행위와 같다고 생각한다."

그렇다면 우리가 생각해 볼 문제는 무엇일까. 앞으로 점점 지식적인 부분은 인공지능이 맡을 수밖에 없다. 이제 인간 의사나 약사는 환자와 공감하고 소통하는 등, 인간만이 할 수 있는 영역을 찾아내고 담당해야 할 것이다. 바로 이것을 이해해야 인공지능과 다른 능력을 개발하는 공부를 할 수 있다.

에듀테크의 등장은 필연적이다

최근 교육 분야에 에듀테크(edutech)라는 신조어가 등장했다. 에듀케이션(education)과 테크놀로지(technology)가 결합된 단어로 교육은 더 이상 테크놀로지를 빼놓고 말할 수 없음을 뜻한다. 또한 테크놀로지를 사용하지 않는 교사는 테크놀로지를 사용하는 교사에게 대체당할 것이라는 의미이기도 하다. 왜일까?

첫째, 인공지능의 대활약은 빅데이터와 머신러닝의 결합이 있었기에 가능했다. 빅데이터란 기존 데이터베이스 관리도구의 능력을 넘어서는, 즉 대량의 정형 데이터뿐만 아니라 비정형의 데이터까지 포함한 '데이터로부터 가치를 뽑아내고 결과를 분석하는 기술'이다. 빅데이터는 컴퓨터가 기계학습을 할 수 있도록 원천데이터를 제공한다. 그래서 전문분야에서 활약하고 있는 인공지능은 망각도 없고 한계도 없이 용량을 업데이트할 수 있기 때문에 인간의 기억력과 학습능력을 능가한다. 따라서 지식과 관련된 분야는 인간보다는 인공지능과 디지털 도구가 훨씬 경쟁력이 있다.

둘째, 4차 산업혁명의 기술혁신이 교육 분야에도 깊이 침투했기 때문이다. 전자 칠판, 전자 교과서, 가상현실, 증강현실, 3D 프린터 등의 신기술을 이용한 에듀테크가 이미 수업에 활용되고 있다. 이것은 인공지능이 빅데이터와 머신러닝 기술로 끊임없이 학습하는 이상, 그리고 우리가 24시간 손 안의 컴퓨터와 결합해 있는 이상, 단순 지식을 소유하려고 암기에 열을 올리는 공부는 더는 가치가 없다는 뜻이다. 정답을 달달 외우는 공부는 이제 그만둬야 한다. 그리고 단순 이론을 결과 위주로 외워 객관식이나 주관식 지필고사에서 높은 점수를 얻고자 하는 방식의 공부 역시 그

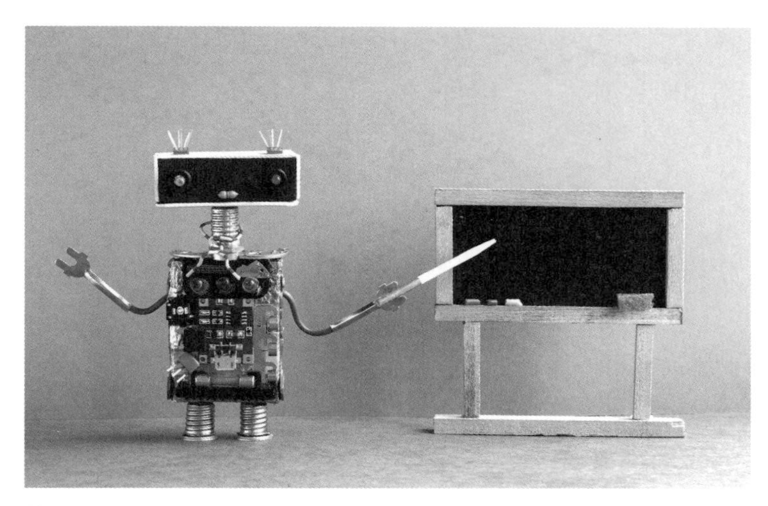

최근 교육 분야에 에듀테크(Edutech)라는 신조어가 등장했다. 에듀케이션(education)과 테크놀로지(technology)가 결합된 단어로 교육은 더 이상 테크놀로지를 빼놓고 말할 수 없음을 뜻한다.

만둬야 한다. 아이들은 가상현실, 증강현실의 도구를 이용하여 역사 현장을 실제처럼 경험할 것이고, 그곳에서 아바타를 이용하여 토의를 즐길 것이다. 그리고 자신이 상상해낸 아이디어를 3D 프린터로 출력하여 현실화할 것이다.

원시시대로부터 현대에 이르기까지 인간은 도구를 발명하고 이용하여 인류 문명을 발전시켰다. 그러한 도구를 활용하여 경쟁력을 높여 왔다. 이제 인간의 경쟁력은 기계학습을 하는 인공지능이라는 새로운 도구를 어떻게 활용하느냐에 달려 있다.

미래의 교육 현장, 스티브 잡스 스쿨

네덜란드에는 '스티브 잡스 스쿨'이 있다. 우리나라의 초등학교에 해당하는 이 학교는 담임교사도 없고 학년도 구분하지 않는다. 아이패드 안의 프로그램을 교과서로 사용하며 단순 지식이 아닌 다르게 생각하는 법을 배우는 것을 목표로 한다. 필요한 단순 지식은 로봇 교사로부터 배우고, 인간 교사는 헬퍼(helper), 즉 보조역할만 한다. 이 학교는 아이들 각자가 프로젝트를 진행하여 실질적인 결과물을 만들도록 교육한다.

스티브 잡스 스쿨은 우리나라에서는 아직 생소한 교육 현장이지만, 앞으로는 우리나라의 교육 현장도 이렇게 바뀔 수밖에 없다. 지식을 손쉽게 탐색하는 디지털 도구가 주위에 널려있는데 왜 동일한 장소에서 동일한 지식을 한 명의 교사에게 주입당해야만 하는가? 이제 지식은 컴퓨터나 로봇 교사에게 습득하고, 더 깊은 공부는 교사나 친구들과 함께 토론 학습으로 하게 될 것이다. 그리고 지필시험이 아니라, 아이디어를 얼마나 구체적으로 실현하느냐로 평가받게 될 것이다. 그렇다면 지금부터 아이들은 무엇을 훈련해야 할까?

10
소유 대신 공유, 우버

이 시대의 경쟁력은 지식을 얼마나 소유하고 있는가가 아닌,
얼마나 잘 활용할 수 있는가에 달려있다.

4차 산업혁명 시대를 맞이하여 새로운 경제 패러다임이 등장했다. 바로 '공유경제'다. 사실 우리나라는 '공유경제'의 역사가 오래됐다. 바로 '품앗이'라는 전통이다. 힘든 일을 서로 거들어 주면서 품을 지고 갚고 하는 일을 말한다. 지금도 우리는 김장 등을 할 때 종종 품앗이를 한다.

1997년 IMF 외환위기 사태 때, 우리나라 국민은 자발적으로 '아나바다' 운동을 시작하여 외국 언론의 주목을 받았다. '아껴 쓰고,

나눠 쓰고, 바꿔 쓰고, 다시 쓰자'는 구호 아래 우리는 IMF 외환위기를 극복했다. '품앗이'나 '아나바다 운동' 모두 넓은 의미의 공유경제로 볼 수 있다.

우버와 에어비앤비가 오고 있다

그런데 우리가 정서적 측면에서 공유경제를 실천하고 있는 사이에 세상의 어디선가는 이것을 비즈니스로 바꿔 기존 산업 생태계를 흔들고 있다. 그중 대표적인 기업이 '우버'와 '에어비앤비'다.

우버는 스마트폰 애플리케이션으로 승객과 운전기사를 연결해 주는 일종의 콜택시 플랫폼 회사다. 분명 운송 서비스를 제공하고 있지만, 우버는 택시를 단 한 대도 소유하지 않고, 모바일을 이용하여 승객과 운전기사를 연결하는 허브 역할만 한다. 2010년 6월 미국의 샌프란시스코에서 시작된 우버는 2016년 기준으로 68개국 400여 개의 도시에 진출하고 있다. 현재 우버는 자동차 업계의 대표기업인 포드나 제너럴모터스의 기업 가치를 넘어섰다고 한다. 이처럼 공유경제의 대표적인 회사 우버는 자동차 한 대 없이 기존의 산업구조를 완전히 바꾸고 있다.

에어비앤비 또한 대표적인 공유경제 비즈니스 회사다. 에어비앤비는 잠잘 곳을 대여해 주고자 하는 사람과 잠잘 곳을 원하는 여행객을 웹과 애플리케이션으로 연결해 주는 서비스다. 에어비앤비 역시 많은 나라에서 사업을 하고 있지만, 회사가 소유한 숙소는 단 하나도 없다. 사용자들은 에어비앤비 플랫폼을 통해 가정집이나 아파트 전체, 혹은 일부 빈방의 제공을 원하는 집주인과 연결해 숙박을 해결한다. 에어비앤비의 성장세 역시 엄청나다. 미국 여행 산업 전문기관인 스키프트(Skift)에 따르면 에어비앤비의 가치는 인터콘티넨털 호텔이나 하얏트 호텔의 기업가치보다 앞서 있다고 한다.

소비의 패러다임이 바뀐다

대다수 경제전문가는 공유경제 스타트업이 기존 시장의 패러다임을 흔들 만큼 막대한 파급력이 있다고 판단한다. 일반 기업과 공유 스타트업의 차이점은 상품을 소유하느냐 공유하느냐에 있다. 일반 기업은 제품과 서비스의 질을 높여 경쟁력을 확보한다. 상품을 소유하게 될 소비자의 만족도를 높여야 하기 때문이다. 반면에 공유경제 스타트업은 공유로 가격을 낮춰 경쟁력을 확보한다. 이때, 상품의 품질과 신뢰성은 소비자의 선택과 판단에 맡긴다. 이런 차이 때문에 일반 기업이 공유시장에 진출하는 것은 쉬운 일이 아니다. 그러나 소비자는 어떨까? 소유든 공유든 자신의 필요에 따라 합리적으로 선택하면 될 뿐이다.

"미국 내에는 무려 8,000만 개의 전동 드릴이 있다고 합니다. 그런데 연평균 전동드릴 사용 시간은 불과 13분밖에 되지 않죠. 모든 사람이 굳이 전동드릴을 소유할 필요가 있을까요? 고작 13분밖에 쓰지 않는데 말이에요."

에어비앤비의 창업자 브라이언 체스키의 말이다. 이게 전동 드릴만의 이야기일까. 자동차는 어떨까. 지금 바로 아파트 주차장에 가보자. 많은 자동차가 주차된 모습이 보일 것이다. 한 연구 결과에 의하면 개인 승용차가 주차장에 머무는 시간은 전체 시간의 95%에 달한다고 한다. 차량을 이용하기 위해 상당한 비용을 지불하는 것 치고는 이용 시간이 너무 짧지 않은가. 물론, 소유하는 것 밖에 방법이 없던 시절에는 어쩔 수 없었다. 그러나 저렴한 가격에 편의를 제공하는 공유 시대가 왔는데도 비싼 값을 치르며 차량을 소유할 필요가 있을까?

12시간마다 두 배씩 늘어나는 지식

산업구조와 소비구조가 소유에서 공유로 바뀌고 있는 것처럼 교육도 마찬가지다. 아주 오랫동안 지식은 개인의 소유물이었다. 지식을 얼마나 많이 소유하고 또 독점할 수 있느냐에 따라 사회적 지위와 경제적 부를 누렸다. 그래서 사람들은 지식을 더 많이 소유하기 위해 노력했고, 그것을 보증해 주었던 것이 바로 대학 졸업장이었다. 하지만 지금은 어떠한가.

미래학자 버크민스터 풀러(Buckminster Fuller)는 인류의 '지식 총량 2배 증가 곡선'을 보여줌으로써 지식에 관한 새로운 패러다임을 제시했다. 지식 2배 증가곡선은 지식의 총량이 2배로 증가하는 데 걸리는 시간을 곡선으로 표시한 것이다. 이 곡선에 따르면 1990년대 이전 사회에서는 지식의 총량이 2배로 증가하는 시간이 100년 정도 소요된다. 따라서 당시에는 인간의 수명보다 지식

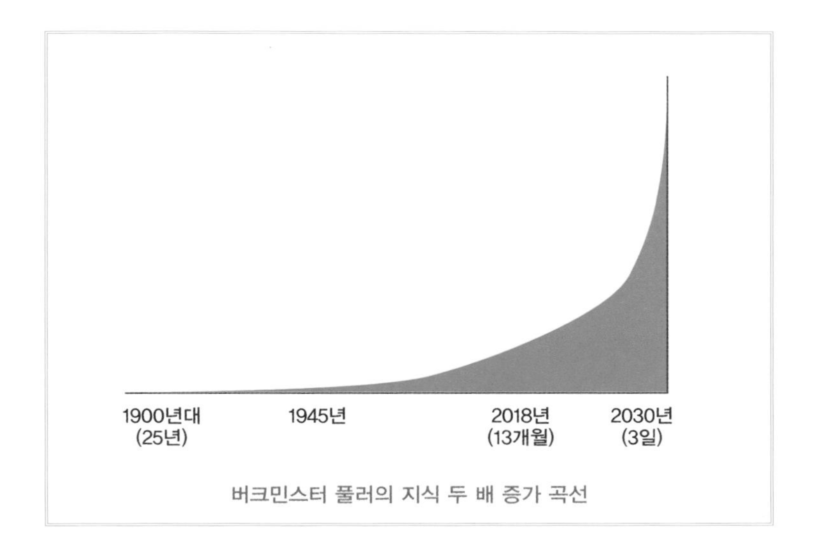

버크민스터 풀러의 지식 두 배 증가 곡선

의 수명이 길었기 때문에 삶에 필요한 적당한 지식만 소유하고 있어도 큰 지장이 없었다. 하지만 사회의 발달과 더불어 지식의 수명은 점점 짧아지기 시작했다. 1990년대로 돌입하면서 지식의 총량이 2배로 늘어나는 시간은 25년으로 짧아졌다. 더 놀라운 것은 2030년에는 3일마다 두 배, 이후로 12시간마다 두 배씩 증가한다고 예측하고 있다는 것이다.

인간의 수명은 점점 늘어나는데, 지식의 수명은 점점 짧아진다는 것은 무엇을 의미하는가? 단시간에 지식의 효용가치가 떨어지기 때문에 더는 지식의 소유가 의미 없다는 것이다.

지식의 수명이 짧아진 데는 과학기술의 진보도 한몫하고 있다. 내 손안에 백과사전인 '네이버, 구글, 위키피디아' 덕분에 더는 지식을 소유할 필요가 없어졌다. 이제 지식은 더는 개인의 소유물이 아니다. 양질의 지식이 누구에게나 공짜로 오픈되어 있다. 따라서 이 시대의 경쟁력은 지식을 얼마나 소유하고 있는가가 아닌, 얼마나 잘 활용할 수 있는가에 달려 있다.

이제 우등생이 되기 위해 지독하게, 그리고 근면 · 성실하게 오랫동안 엉덩이를 붙이고 앉아있을 필요가 없다. 지식의 소유는 더는 경쟁력이 될 수 없다. 우버나 에어비앤비가 소유 대신 공유를 선택함으로써 기업 가치를 올렸듯, 이제는 지식을 소유하는 것이 아니라 잘 활용함으로써 경쟁력을 높일 수 있다.

11
AI와 함께 살아갈 세상, 내 아이에게 기회인가, 위기인가

인공지능을 위협으로 만들 것인지, 기회로 만들 것인지는 부모의 사고방식과 교육철학에 달려 있다.

거듭 말하지만 4차 산업혁명의 등장과 함께 우리를 불안하게 만드는 것 중 하나는 사라질 직업에 관한 것이다. 1~3차 산업혁명 때도 사라지는 직업과 새로 생기는 직업의 재편 현상은 늘 있었다.

예를 들어, 내가 어릴 때는 버스에 승객이 타고 내리는 것을 도와주고 요금도 받던 안내양이 있었다. 그런데 언젠가부터 요금통이 생기고, 안내 방송이 나오면서 안내양은 사라지고 말았다. 반면에 푸드 스타일리스트와 같은 직업은 삶이 풍요로워지며 새롭게 등장했다.

4차 산업혁명 시대 역시, 사라지는 직업과 새로 생기는 직업이 교차하는 것은 당연하다. 다만, 그 양상이 이전과는 크게 다르기 때문에 기회로 여기기보다 위협으로 느끼는 것이다. 그리고 신기술 관련하여 새로운 직업이 많이 생긴다고 할지라도 지금과 같은 교육체제로는 전혀 대비할 수 없기에 불안한 것이다.

인공지능 조교와 체조 도우미 팔로

우리나라 교육 전문가들은 현재 4차 산업혁명의 문턱에 서 있는 아이들을 안타깝게 바라보고 있다. 왜일까? 그 아이들을 키우는 부모가 기성세대의 사고방식에서 벗어나질 못하기 때문이다. 우리나라의 대부분 부모는 신기술이 일상생활로 들어와 편리함을 누리고, 알파고의 승리 소식에 깜짝 놀랄지라도 생각과 행동의 변화가 좀처럼 일어나질 않는다. 앞으로 수백만 개, 수십억 개 일자리가 사라지고 듣지도 보지도 못한 직업이 등장한다는 소식을 접해도 여전히 자신의 자녀가 의사, 변호사, 회계사가 되길 꿈꾼다. 부모가 이런 고루한 사고방식 안에 갇혀 있다면, 우리 아이에게 인공지능은 기회가 아니라 위협이 될 것이다.

2016년 미국 조지아공대 아쇽 고엘(Ashok goel) 교수는 인공지능을 조교로 활용하는 시도를 했다. 인공지능 조교 '질 왓슨'은 학기 내내 학생들의 이메일에 답장하고, 온라인상에서 질문에 답변하고, 토론 주제를 올리기도 하고, 주제별 토론을 하기도 했다. 그런데 아무도 조교 질 왓슨을 사람이 아니라고 의심하지 않았다. 우리 아이가 성장할 무렵에는 어떻게 변할까? 나와 비슷한 모습을 한 인공지능 조교와 얼굴을 마주 보고 신나게 토론을 벌이지 않을까.

일본에서 요즘 주목받는 복지시설이 있다. 일본 가나가와현 나카이초라는 마을의 노인 복지시설이다. 매일 이른 아침 이곳 강당에는 30여 명의 남녀 노인들이 모여 체조를 한다. 그런데 이 노인들의 아침 체조를 담당하는 '팔로(PALRO)'는 사람이 아니라 휴머노이드 로봇이다. 팔로는 사람 얼굴을 인식할 수 있어 노인들 이름을 불러주기도 한다. 노인들의 이름을 불러주며 체조를 도와주는 로봇의 등장이 지금 이웃나라에서 일어나고 있는 일이라니 놀라울 뿐이다. 시설 관계자는 "처음에는 로봇에게 거부감을 느꼈지만, 이제는 노인들이 로봇에게 친숙해져 사람이 리드하는 것보다 더 잘 따라 한다"고 말했다.

고령화 사회에서 노인 문제는 심각하다. 인구 4명 중 1명이 65세 이상인 노인 대국 일본은 노부부만 살거나 독거노인이 크게 늘면서 가족이 병간호하는 데 어려움을 겪을 수밖에 없는 것이 현실이다. 따라서 팔로와 같은 인공지능 로봇이 절대적으로 필요하다. 이처럼 그동안과는 다른 문제가 사회를 위협할 때 사람은 점점 인공지능을 의지하며 살아갈 것이다.

위기? 기회? 하기 나름이다

인공지능 조교 질 왓슨이나 팔로의 예처럼 우리는 이미 인공지능을 이용하거나 때로는 의지하며 살고 있다. 그렇다면 우리 아이가 사회로 나갈 즈음에는 어떨까. 혹시 회사의 옆자리 동료나 직장 상사가 인공지능일 가능성은 없을까? 지금의 상황으로 유추해 보았을 때 어떤 식으로든 인공지능과 함께 산다는 것만큼은 분명할 것이다.

그것을 인정하고, 어떻게 할지 고민하는 부모라면 아이에게 또 다른 기회를 만들어 줄 수 있을 것이다. 인공지능을 위협으로 만들 것인지, 기회로 만들 것인지는 부모의 사고방식과 교육철학에 달려 있다.

작금의 상황은 그저 스쳐 지나갈 일이 아니다. 그렇다고 두려워할 문제 또한 아니다. 두려움은 실체를 모르기 때문에 생기는 것이다. 이제 우리는 자신에게 질문해야 한다.

'인공지능 로봇이 잘하는 것이 무엇일까?'

'인공지능 로봇이 못하는 것은 무엇일까?'

'인간의 경쟁력은 무엇일까?'

'우리 아이가 더 잘하는 것은 무엇일까?'

3부

깨어있어야 한다

새로운 교육 패러다임의 등장

대부분의 아이들에게
교사의 지혜를 수동적으로 수용하는 것은 쉬운 일이다.
그러나 수동적으로 수용하는 습관은 이후의 삶에서는 재앙과도 같다.

– 버트런드 러셀 Bertrand Russell

12
학교와 교사가 사라진다고요?

전통적인 학교와 교사가 사라지는 것은 학교와 교사의 역할이 바뀐다는 것이고, 나아가 공부의 본질, 패러다임이 바뀐다는 것을 의미한다.

기성세대에게 학교는 때가 되면 반드시 가야 할 곳이다. 일부 생각이 다른 부모도 있지만, 대체로 자녀를 학교에 보낼까 말까 고민하지는 않는다. 그러나 이런 생각은 4차산업혁명 이전 사회에서나 통하는 고정관념이라는 생각을 해 보지는 않았는가. 앞으로도 우리는 여전히 학교를 맹목적으로 다녀야만 하는 곳으로 여길까. 이제 아이들 교육에서 학교라는 기관은 단지 하나의 선택사항일 뿐이지 않을까.

전통적인 학교가 사라지고 있다

어떤 미래학자들은 디지털 혁명 시대에 여전히 전통적인 시스템을 고수하고 있는 공교육 기관에 대해 다소 파격적인 예측을 내놓고 있다. 그들은 30년 이내에 학교와 교사는 사라질 것이며, 10년 이내에 세계 대학의 절반이 문을 닫으리라 예측했다.

미시간 그랜드밸리 주립대학교의 제이슨 시코(Jason Siko) 교수 역시 고령화로 정부 예산이 삭감되면서 초·중등 공교육 지원 시스템 등이 2030년쯤에는 모두 사라질 것으로 예측했다. 또 매켄지 글로벌 인스티튜트에서는 빅데이터를 기반으로 하는 첨단기술이 전 세계 1억 4000만 명의 풀타임 교사를 사라지게 만든다고 했다.

최근 우리나라 EBS의 교육 관련 프로그램에서는 미래 교육에 관해 가상뉴스를 전했는데, 그중 하나가 "대한민국에 마지막 남은 한 고등학교가 문을 닫으면서 우리나라에서 학교가 모두 사라졌다"는 것이었다. 이것이 과연 예측과 가상으로만 그칠까? 아니면 실제로 일어날까?

공교육기관인 학교가 지금까지처럼 정해진 공간에서 아이들을 붙잡아놓고 정해진 지식을 일방적으로 주입하는 곳이거나 혹은 교사가 과거에나 통했던 단편적인 지식을 30년 이상 같은 방법으로 아이들에게 집어넣어주는 사람이라면, 이 세상에서 가장 필요한 학교와 교사는 아마 구글이나 네이버, 또는 유튜브가 될 것이다.

전 세계로 확장 중인 온라인 학교 '무크(Mooc)'는 어떤가. 무크는 온라인 공개강좌 플랫폼으로 현재 190개 이상의 대학 강좌를 무료로 제공하고 있으며, 강좌 이수 수료증까지 발급하고 있다. 우리나라에도 대학 공개강좌인 K-Mooc가 있다. 이외에도 빌 게이츠가 후원하며 알려진 칸 아카데미(Khan Academy), 코세라(Coursera) 등 거대한 온라인 학교가 세력을 넓히고 있다.

이처럼 어릴 때부터 디지털 매체로 학교보다 더 양질의 지식을 탐색할 수 있는 아이들이, 전통적인 교육 방법을 고집하는 학교에 가야 할 필요성을 느낄까? 물론, 이전 세대는 학교에 가야 할 필요가 있었다. 학교에 가야만 선생님으로부터 지식을 습득할 수 있었으니까. 하지만 이제 학교나 교사가 기존의 방법을 고집하며 변화를 일으키지 못한다면, 이와 생각이 다른 부모나 아이들은 학교를 선택하지 않을 수도 있다.

수준별·개별 맞춤형 교육

이 세상에서 학교와 교사가 사라지면 교육은 어떻게 바뀔까? 당연히 자발적으로 배우는 시스템이 자리 잡을 것이다. 교육심리학자 벤자민 블룸(Benjamin Samuel Bloom)은 스마트 시스템의 한 형태로 '수준별·개별 맞춤형 교육'을 말했다. 아이의 개성과 수준이 아니라 나이를 기준으로 같은 교실에서 동일한 내용을 공부하는 시스템은 공장형 교실에서 공장형 인재를 양성하는 시스템이다. 컨베이어벨트로 대변되는 20세기 산업구조 안에서는 매우 훌륭한 시스템이었을지 몰라도, 창의성을 요구하는 21세기 산업구조에는 어울리지 않는 교육 시스템이다. 게다가 오늘날은 디지털 혁명 덕분에 개인에게 필요한 지식정보를 시간과 장소에 얽매이지 않고 맞춤형으로 배울 수 있다.

그러므로 인력이 필요한 단체나 기관, 기업에서는 기존의 대학 졸업장보다는 무크 수료증이나, 차별화된 역량을 갖췄음을 의미하는 인증서를 더 높이 평가하게 될 것이다. 실제로 구글은 온라인 공개강좌 무크를 통해 자발적으로 공부하여 전문성을 갖추고, 수료증까지 받은 실력자를 일반 대학 졸업자보다 더 선호한다고 한다.

자발적인 탐구와 탐색을 할 수 있는가

전통적인 학교와 교사가 사라지는 것은 학교와 교사의 역할이 바뀐다는 것이고, 나아가 공부의 본질, 패러다임이 바뀐다는 것을 의미한다. 기성세대에게 공부는 정해진 공간에서 전문가가 지식을 전수하는 것, 그리고 그것을 자신의 소유로 만들기 위해 최선을 다해 암기하는 것이었다.

하지만 이제 공부는 다양한 플랫폼으로 시·공간의 제약 없이 하는 것, 그래서 자발적으로 탐구와 탐색을 즐기는 것, 그리고 내가 알게 된 것을 다른 사람과 공유하는 것이다. 따라서 지식탐색은 꼭 학교가 아니어도 괜찮다. 집이나 자신만의 공간에서 자신에게 맞는 도구를 이용하면 된다. 물론, 필요하다면 학교에 갈 수도 있다. 하지만 학교에 가는 이유는 지금까지의 이유와는 전혀 다르다. 그들이 학교에 가는 이유는 관심사가 비슷한 친구를 만나 토론하고, 자신이 습득한 지식을 공유하고 확장하기 위해서이다. 이때 교사는 일방적으로 가르치는 전통적 의미의 선생님이 아니다. 교사는 지식을 나누는 데 도움을 주는 헬퍼요, 멘토요, 코치다. 즉 사제관계라기보다는 파트너 관계로 볼 수 있다.

이렇게 공부의 패러다임이 전환되면, 아이들의 태도 역시 바뀌어야 한다. 전통적인 교실에서 아이들의 역할은 선생님 말씀을 조용히 듣는 것이었다. 그러나 지금 세상에서 사람이 시키는 대로 따르는 것은 로봇이 가장 잘 하는 것이다. 이젠 아이들에게 적극성과 자발성이 필요하다. 다시 말해, 교실에 가만히 앉아 듣고만 있는 것이 아니라, 자기 생각을 스스럼없이 표현하는 태도가 절대적으로 필요하다.

이런 태도는 하루아침에 길러지지 않는다. 지금 우리 아이와 연습해야 할 것은 한글 읽기도 사칙연산도 아니다. 학습 이전에 학습 태도부터 올바르게 길러야 한다.

13
변화의 몸살을 앓고 있는 대한민국 교육

"우리는 미래의 교육에 대해 모르는 것이 아니다.
다만 실천하지 않는 것이다"

미래학자 앨빈 토플러(Alvin Toffler)는 생전에 한국의 학교가 사라져가는 산업 체제를 기반으로 짜인 교육 시스템을 고수하고 있다고 지적한 바 있다. 그는 "대한민국의 아이들은 미래에 있지도 않을 직업을 위해, 미래에 사용할 가치가 있을지 없을지도 모르는 지식을 얻기 위해, 하루에 15시간씩 같은 공간에서 공부를 강요당하고 있다. 이것으로 20세기에 아시아권 산업 성장을 리드했을지는 몰라도, 이 같은 교육 시스템이 바뀌지 않는다면 21세기엔 자연도태 될 수밖에 없다"고 했다. 우리나라의 교육을 객관적으로 바라본 전문가의 날카로운 통찰이 아닐 수 없다.

빨간불이 들어온 대한민국 교육 시스템

과학기술 혁명으로 인간의 역할은 바뀌기 시작했다. 교육이란 사회에서 필요로 하는 역할을 수행하기 위한 훈련이다. 그런데 우리 사회가 20세기 성장의 흥분 속에 갇혀 변화를 바라보지 못하고 새로운 시대를 리드하는 교육을 준비하지 않는다면, 그 피해는 고스란히 미래를 살아갈 아이들에게 돌아갈 것이다.

이화여자대학교 박영일 교수는 4차 산업혁명 시대에 가장 먼저 교육자의 변화가 절실하다고 진단했다. 그는 "우리는 미래의 교육에 대해 모르는 것이 아니다. 다만 실천하지 않는 것이다"라고 했다. 또 "과거에나 통했던 '무대 위의 교육자'보다는 학습자를 중심에 두는 '학습 경험의 조력자'가 필요하다"고 했다. 이 "조력자는 반드시 선생님일 필요는 없고, 각 분야의 전문가를 조력자로서 교육에 활용할 수 있다"는 의견을 제시했다. 사회의 변화에 따라 교육자의 역할 또한 변해야 한다는 것이다.

여러 전문가의 지적처럼 대한민국 교육 시스템에 빨간 신호가 들어온 지 오래다. 우리는 전통적인 주입식 교육으로 20세기에 세계적으로 주목받는 고속성장을 이루었다. 하지만 21세기에 들어서도 여전히 주입식 교육에서 벗어나지 못하고 있다는 반성이 사회 각계에서 일어나고 있다.

물론 우리나라 교육은 변화하기 위해 분주히 노력하고 있다. 이는 최근 새로운 교육정책이 수시로 등장하는 것만 봐도 알 수 있다. 그러나 아직 변화의 초기 단계여서 새로운 교육정책이 일반화되지 못하고 전통적인 시스템과 혁신적인 시스템이 혼재해 있다. 게다가 우리에게는 좀처럼 바뀔 기미가 보이지 않는 특수한 교육문화가 자리잡고 있다. 바로 모든 교육이 '대입'과 연결돼 있다는 점이다. 공부의 목적을 대입에 두는 한, 그 어떤 혁신적이고 창의적인 교육 시스템이 들어와도 부모와 아이의 관심을 바꿀 수 없을 것이다.

따라서 먼저 고학력, 고스펙이 최고라는 사회적 편견이 사라져야 한다. 그 위에 아이들의 미래 경쟁력이 대학만이 아니라는 새로운 가치관을 덧입혀야 한다. 그래야 새로운 교육정책을 누구나 유연하게 받아들일 수 있다.

수시 개정 체제

우리나라 교육정책은 현재 7차 개정교육체제에 있다. 융합의 대표적인 소산물인 스마트폰이 대중화되는 시점에서 모든 산업 구조는 분야별 경계가 사라지고 있고 교육 역시 융합시스템으로 대전환기를 맞고 있다. 이에 따라, 우리나라는 2009개정교육에서 스팀(STEAM), 창의융합교육을 시작하였고, 2015개정교육에서 다시 수정보완하였다. 7차 개정교육은 '수시개정체제'라고 한다. 이는 교육 목표는 동일하되 그 하부 전략을 수시로 바꾼다는 의미다. 따라서 부모가 늘 주시하지 않으면 과거 전략을 아이에게 펼칠 수도 있다.

따라서 무엇보다도 먼저 바뀐 교육 목표를 정확히 이해할 필요가 있다. 2015개정교육 창의융합형 인재양성의 세부 목표 두 가지를 들여다보자.

첫째, 인문학적 상상력과 과학기술 창조력을 갖추고 바른 인성을 겸비한다.

둘째, 새로운 지식을 창조하고 다양한 지식을 융합하여 새로운 가치를 창출한다.

이 두 목표를 자세히 들여다 보면, 과학기술 혁명 시대를 대비하기 위해 우리 교육계는 단순 지식의 암기가 아니라 다양한 지식을 기반으로 창조성을 갖추도록 목표를 설정하고 있음을 알 수 있다. 교육부는 이 개정교육을 한마디로 '탐구 교육, 경험 교육'이라고 했다. 이것은 무엇을 의미하나? 앞으로의 교육은 이론보다는 실용 중심이 될 것이며, 배운 지식을 바로 실용화할 수 있는 생활 터전, 즉 가정의 역할이 더욱 중요해졌음을 의미한다.

부모 세대는 이런 융합교육이 필요 없는 세상에서 공부했다. 다시 말해, 창의융합교육의 경험이 없는 부모가 새 시대에 맞는 융합형 인재를 키워내야 한다. 세계 여러 나라에서는 이미 다양한 방법으로 이런 교육을 하고 있다. 우리나라 교육도 다소 늦기는 했지만, 이를 따라가려 노력하고 있다. 그러므로 교육의 최전방에 있는 부모도 이런 흐름을 이해하고 행동해야 한다. 바뀌지 않으면 도태될 수밖에 없다.

이러한 세계적인 교육 추세에 완벽하게 적응하는 것이 쉽지는 않겠지만, 늘 주시하고 따라 가려는 노력은 필수다. 변화에 맞는 전략을 빠르게 세우고 실천하는 부모와 그렇지 못한 부모의 간극은 점점 벌어질 수밖에 없다. 나는 과연 어떤 부모인가.

14
가르치고 배우는 방식이 바뀐다

일방적인 가르침에서 학습자 중심으로, 정답을 찾는 결과 중심의 공부에서 해답을 찾아가는 과정 중심의 공부로

교육 패러다임은 크게 2가지 방향으로 변하고 있다.

첫째, 가르치고 배우는 방식, 즉 교수 방법의 변화다. 전통적인 공부 방식은 교사로부터의 집단적이고 일방적인 가르침이었다. 그리고 교육 내용은 단편적인 지식 중심에서 창의융합교육, 즉 지식 활용 중심으로 바뀌고 있다.

앞서 살펴보았듯이, 지식 탐색은 디지털 매체를 활용하면 되기 때문에 앞으로는 동일한 시간, 동일한 장소에 모여 다 함께 듣는 공부는 점차 의미가 없어질 것이다. 앞으로 학교는 학생 개개인이 탐색한 지식을 응용하고 활용할 수 있도록 보조하는 역할을 하게 될 것이다. 구체적으로 얘기하면, 공부방식이 프로젝트 기반 수업, 거꾸로 교실, 토론 · 토의와 같은 학습자 중심 수업으로 바뀌고 있다.

둘째, 테스트 방식의 변화다. 가르치고 배우는 방식이 바뀌므로 테스트 방식이 바뀌는 것은 당연하다. 우리나라는 2010년 서울시를 시작으로 초·중·고교 시험 방식을 점차 서술·논술·구술로 바꾸고 있다.

그러면 여기서 바뀌는 교수 방법에 대해 좀 더 자세히 들여다보자.

프로젝트 기반 수업

프로젝트 기반 수업(Project Based Learning)이란 실생활에서 접할 수 있는 문제나 과제를 교사가 아닌 학생이 중심이 되어 자발적으로 그리고 협력하여 해결하는 수업을 말한다. 다시 말해, 정답 중심의 교육이 아닌 불특정한 문제를 해결하는 능력을 키우는 교육이다.

문제를 함께 해결해보는 프로젝트 수업에서 중요한 것은 먼저,

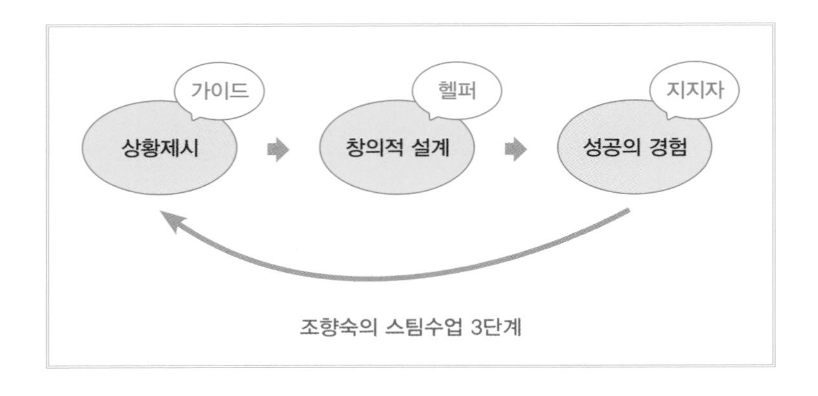

조향숙의 스팀수업 3단계

공통과제를 해결하기 위해 각자 특성에 맞는 역할이 있음을 이해하는 것이다. 그리고 서로 의견을 경청하고 소통하며 최선의 해결책을 찾는 것도 중요하다.

이를 통해 아이들은 문제는 혼자 해결하는 것이 아니라 함께 해결하는 것, 결과가 아니라 함께 답을 찾는 과정이 중요하다는 것을 깨닫게 될 것이다. 즉, 프로젝트 기반 수업은 서로 협력할 때 더 빨리 더 창조적으로 문제를 해결할 수 있음을 스스로 느끼고 체험하는 공부다.

이런 수업을 아이들이 처음부터 잘할 수는 없다. 어려서부터 주도성과 자율성을 키우고, 자신의 의견을 타인과 주고받는 연습을 꾸준히 해야 적응할 수 있을 것이다.

거꾸로 교실

거꾸로 교실은 2015개정교육에서 초등학교 3학년 과학 교과목부터 시행하고 있다. 거꾸로 교실은 교육정책으로 시작되기 이전에 KBS의 한 PD가 다큐멘터리를 제작, 방영하면서 우리나라에 소개되었다. 그 후 일부 앞서가는 교사가 자발적으로 교육 현장에 접목하면서 교육정책으로 발전됐다.

미국에서 시작되어 전 세계에 퍼진 이 교수법은, 테크놀로지와 토론·토의가 결합한 수업이다. 지금과 같이 디지털 매체가 발달한 사회에 안성맞춤인 교수법이라 할 수 있다.

거꾸로 교실에서는 교사의 지식전달 역할을 온라인 동영상으로 대체한다. 온라인 동영상으로 각자 기본지식을 습득한 아이들은 교실에 와서는 토론·토의를 통해 더 깊은 학습을 한다. 아이들은 자신이 습득한 지식을 교실에서 친구들과 함께 이야기함으로써 자신이 미처 발견하지 못했던 것을 친구를 통해 알게 되고, 이미 아는 지식은 더 깊어지게 된다.

토론·토의 수업

프로젝트 기반 수업이나 거꾸로 교실의 중심에는 토론 · 토의가 있다. 앞으로 나 홀로 공부는 의미가 없다. 다시 말해, 개인의 머릿속에 단편적인 지식을 담는 공부는 의미가 없다. 자신이 알고 있는 지식을 타인과 공유할 때, 즉 내 생각이 머리 밖으로 나올 때 그 지식은 살아있는 지식이 된다. 이처럼 내 생각과 다른 사람의 생각을 융합하여 독창적인 아이디어로 발전시키는 공부가 바로 토론·토의다.

이전의 공부는 단편적인 지식을 이론 위주로 습득하는 것이었다. 하지만 이제는 지식을 이용해서 자신의 의식주에 적극적으로 활용하는 수준의 공부로 나가야 한다. 이것을 더 잘하기 위해서는 다양한 생각이 모여야 한다. 다양한 생각이 모여서 부딪치다 보면, 상호소통 능력이 생기고, 비판적이고 논리적인 생각이 싹트고 자란다. 세계의 여러 나라 교육이 토론 공부에 초점을 맞추고 있는 이유가 여기에 있다.

미래 일자리는 프로젝트 베이스 고용

공부가 달라졌다는 것은 공부 방법이 달라졌다는 말이다. 일방적인 가르침에서 학습자 중심으로, 정답을 찾는 결과 중심의 공부에서 해답을 찾아가는 과정 중심의 공부로, 입력의 공부에서 출력의 공부로 달라지고 있다.

미래인재포럼에서 게리 매티슨(Garry Mathiason) 박사는 미래 일자리는 풀타임 직장이 사라지고 프로젝트당 매번 고용 계약서를 따로 쓰는 프로젝트 베이스 고용이 일어난다고 했다. 프로젝트 매니저가 팀원을 고용할 때는 인간관계, 인성, 사회 경험, 팀워크, 리더십, 경력 등을 중점적으로 살펴볼 것이다.

지금 사회는 능력이 뛰어나더라도, 다른 사람과 어울리지 않거나 독불장군 같은 사람을 원하지 않는다. 이런 사람은 팀워크를 깨트리고 결국에는 프로젝트를 망칠 가능성이 많다. 앞으로는 소통하고 공감하는 능력을 배우지 못한 사람은 살아남기 힘들다.

이처럼 공부 방법이 바뀌는 것은 변화된 사회에서 요구하는 역량을 기르기 위해서다. 따라서 국·영·수 공부를 중시하는 과거 사고방식으로 길러진 아이는 미래 사회에서 일자리를 찾지 못할지도 모른다. 그러므로 새로운 교육 방법으로 이 시대가 요구하는 독창적인 문제해결력, 비판적인 사고력, 소통과 공감 능력, 협업 능력을 길러야 한다.

15
초·중·고·대학을 넘어 기업에까지 요구하는 커뮤니케이션 능력

커뮤니케이션 능력은 앵무새처럼 흉내 내는 능력이 아니다.
남다른 생각에서 나오는 차별된 말하기·글쓰기 능력이다.

4차 산업혁명을 가장 잘 설명하는 말 중 하나는 초연결 사회다. 초연결 사회는 사람과 사람, 사람과 사물, 사물과 사물이 모두 연결된 세상을 말한다. 초연결 사회에서 사람과 사람의 연결은 오프라인상의 보이는 연결이 있고, 온라인상의 보이지 않는 연결이 있다.

스마트폰과 24시간 붙어 있는 포노 사피엔스들은 오프라인의 대면 연결보다 온라인의 비대면 연결을 더 편하게 생각한다.

페이스북이나 카카오톡과 같은 SNS 덕분에 포노 사피엔스들이 시 · 공간의 제약 없이 연결이 가능해졌다. 과거 그 어느 때보다 소통이 활발해진 요즘이다.

초연결 사회의 경쟁력은 소통 능력

SNS뿐만 아니라 지금은 1인 미디어 크리에이터 전성시대다. 크리에이터는 유튜브나 페이스북, 아프리카 TV 같은 플랫폼에 채널을 만들어 다양한 콘텐츠를 생산하고 대중과 소통하는 새로운 형태의 커뮤니케이션 방법이다. 크리에이터가 요즘 초등학생 장래 희망 1위라는데, 크리에이터의 경쟁력은 콘텐츠와 소통 능력에 달렸다.

게리 매티슨 박사가 주장한 바와 같이 미래로 갈수록 고용 형태가 풀타임 직장이 아니라 프로젝트 기반이 된다면 이때 가장 필요한 역량은 무엇일까. 프로젝트를 진행하기 위해 가장 필요한 능력은 소통 능력이다.

프로젝트에 따라 구성원이 달라지기 때문에 오랜 시간을 두고 팀원의 개성을 파악할 시간이 없다. 즉, 눈빛만 봐도 무슨 생각을 하는지 알아채는 건 있을 수 없다는 얘기다. 따라서 어떤 상황에서도 자기 생각을 조리 있게 말하고, 상대방의 말을 경청하는 소통 능력이 필요하다.

우리는 이처럼 과거 그 어떤 사회보다 자기 생각을 활발하게 표현하고, 상대의 생각을 잘 읽고 소통해야 하는 세상에 살고 있다. 따라서 소통 능력이야말로 새로운 세상의 경쟁력이며, 어릴 때부터 말하기와 글쓰기를 지속해서 훈련해야 하는 이유이다.

독창적인 생각과 의견, 근거

다음 서술·논술·구술 문제를 보면 21세기가 요구하는 말하기와 글쓰기 능력이 무엇인지를 엿볼 수 있다.

> [문제1] 낙타가 살고 있는 환경에서 낙타의 신체적 특징을 바탕으로 인간에게 유용한 기구를 하나 발명해 보자. 그 기구의 구상도를 그리고 그 특징을 간략하게 설명하라. (한국과학창의력 대회- 초등, 2011)

위 문제는 교육부 주관으로 진행한 과학창의력대회 초등부 문제다. 이 문제를 살펴보면 단순 지식을 묻는 문제가 아니라는 것을 알 수 있다. 지식을 기반으로 아이디어를 내고 그것을 구체적으로 설명하게 하고 있다. 지식이 많아도 응용하지 못하고, 또 자기 생각을 글로 표현하지 못하면 해결할 수 없는 문제다.

[문제2] 인간 수명을 1,000년으로 늘리기 위해 개발되어야 할 과학 기술이 무엇인지 말해 보고, 수명이 1,000년으로 늘어난다면 나타나게 될 사회적 혹은 개인적인 부정적 영향과 그 해결방안을 말하시오.

(2017 외대부고 인문사회/국제계열 면접 공통문항)

위 문제는 지식을 기반으로 한 자신만의 생각과 타당한 근거를 제시해야 하는 문제다. 이런 문제는 정답을 외워서 쓸 수 없다. 평소에 생각을 많이 해보지 않으면, 단편적인 지식을 나열할 수는 있어도 자신만의 깊은 통찰이 나오기는 어렵다.

200년 전부터 길러진 프랑스의 커뮤니케이션 능력

[문제3] 예술은 과학보다 덜 필요한가? (프랑스 철학 바칼로레아, 2011)

바칼로레아 대입 전형은 세계적으로 유명하다. 바칼로레아는 나폴레옹 때부터 시작되어 200여 년 이상 이어지고 있는 프랑스의 대입 전형이다. 일주일간 치르는 이 시험은 단 한 과목도 객관식 문제가 없다. 모든 과목이 논술로 치러지고 정답도 없다. 그중 철학 바칼로레아는 일반인도 관심이 높아 시험을 치른 후 문제가 언론에 발표되기를 많은 사람들이 기다린다고 한다. 철학 바칼로레아는 매해 한 문제를 선택해서 주어진 4시간 동안 자신의 논리를 펼쳐나가야 한다. 우리나라 고3 학생들이 이런 시험을 치른다면 과연 잘할 수 있을까?

프랑스 국민은 이런 시험이 오늘날 프랑스를 만든 힘이라고 생각하며 바칼로레아 시험을 치르는 것을 매우 자랑스러워한다고 한다. 모든 문제가 객관식이며 때때로 물수능이다, 불수능이다 말도 많은 우리나라 수능시험과는 많이 다르다는 생각이 든다. 프랑스 국민이 지적 자긍심을 느끼는 이유는 어려서부터 철학적으로 사고하고 말과 글로 자기 생각을 표현하는 훈련을 해왔기 때문이다.

[문제4] 국가 간의 전쟁보다 국가 내의 분쟁이 많아진 이유를 생각하시오. (2004년 유엔 직원채용시험)

2004년 유엔 직원 채용에서는 날로 문제가 심각해지는 테러문제를 생각해 보도록 했다. 이런 문제가 과연 지식을 달달 암기한다고 해결될 문제일까. 혹은 단편적인 생각만으로 통과할 수 있는 문제일까.

차별성은 생각에서 나온다

커뮤니케이션 능력은 앵무새처럼 흉내 내는 능력이 아니다. 남다른 생각에서 나오는 차별된 말하기·글쓰기 능력이다. 생각은 단시간에 키울 수 있는 능력이 아니다. 그저 읽었다고, 또 배웠다고 할 수 있는 것이 아니기 때문에 자기의 생각을 내면화하는 시간이 필요하다.

우리나라는 최근 들어 서술·논술·구술시험을 정책적으로 확대하고 있다. 기업 역시 학력과 학벌 중심의 채용 대신, 블라인드 방식을 도입한 토론 면접을 시행하고 있다. 왜일까. 이것은 4차 산업혁명이 기술 혁명인 동시에 사람 중심의 혁명이기 때문이다. 다시 말해, 인간의 고유역량과 기술을 조합하여 창의적인 방법으로 문제를 해결하는 것이 필요하기 때문이다. 독창적인 문제해결의 중심에는 소통 능력이 있다. 따라서 자기 생각을 논리적으로 펼 수 있는 커뮤니케이션 능력은 갈수록 중요해질 수밖에 없다.

그러니 이제부터라도 생각을 키우고, 자기 생각을 타인과 공유하는 데 꼭 필요한 말하기와 글쓰기 훈련을 해야 한다. 초연결된 글로벌 세상의 경쟁력은 그냥 얻을 수 있는 게 아니다.

16
평생 밥 먹듯이 공부해야 하는 세상, 마이크로 칼리지

필요한 신기술을 단기간에 집중적으로 습득할 수 있는 맞춤형 교육기관인 '마이크로 칼리지'의 등장은 필연적이다.

세계적인 미래학자 토마스 프레이(Tomas Frey)는 다가오는 2030년이면 현존하는 대학 중 절반이 사라질 거라 예측했다.

그 이유는 첫째, 저출산·고령화 때문이다. 이 문제는 세계적인 문제이며 우리나라는 그중에서도 심각하다. 갈수록 출산율이 떨어져 학생 수보다 입학 정원이 더 많을 지경이다.

둘째, 지식의 반감기가 점점 짧아지고 있기 때문이다. 지식의 반감기란 미국의 경제학자 프리츠 마흐럽(Fritz Machlup)이 소개한

개념으로, 한 분야 지식의 절반이 쓸모없는 것으로 바뀌는 데 걸리는 시간의 길이를 말한다. 즉, 지식반감기는 진실로 여겼던 지식에 허점이나 오류가 발견되거나 새로운 지식의 등장 등으로 기존 지식의 유용성이 절반으로 감소하는 기간을 말한다. 과학기술의 발달로 현재 대부분 분야에서 지식반감기가 급격히 짧아지고 있다. 따라서 4년의 대학 교육 과정에서 배운 지식이 4년 후 얼마나 효용가치가 있을지 의심스러울 수밖에 없다.

셋째, 대학 등록금은 비싸지는데, 대졸자 취업률은 점점 낮아지고 있기 때문이다. 실제 미국의 경우 대학 졸업생 중 30만 명 이상이 최저임금을 받는 곳에서 근무하고 있고, 대한민국 역시 2017년 기준 대졸 실업자 수가 50만 명에 육박했다.

신개념 대학의 등장

이런 변화에 따라 새롭게 등장한 신개념 대학이 있다. 바로 '마이크로 칼리지(Micro College)'다. 마이크로 칼리지는 3~6개월 만에 신기술을 가르쳐 산업 현장과 연결해 주는 단기대학이다.

대표적인 예로 토마스 프레이가 2012년에 설립한 다빈치 연구소의 '다빈치 코더스(Davinci Coders)'가 있다. 이 학교는 데이터 분석, 게임, 웹 디자인 등 철저하게 직업과 연계된 12주짜리 교육과정을 제공한다. 이 프로그램을 졸업한 학생들의 75%가 성공적인 개발자 커리어를 쌓고 있으며, 프로그램 이수 후 급여 상승을 경험한 졸업생의 비율은 44%에 이른다고 한다.

또 다른 사례로는 미국 내에서 창업사관학교로 불리는 '싱귤래러티 대학(Singularity University)'이 있다. 싱귤래러티 대학은 레이 커즈와일 박사가 설립한 곳으로, 정식 4년제 대학 교육이 아닌 10주간의 집중 교육 코스를 제공한다. 이 기간에 학생들은 미래학, 컴퓨터, 바이오, 금융, 법률 등 10개 과목의 수업을 듣고, 실리콘밸리의 CEO와 투자자 앞에서 창업계획을 발표한다. 이들의 사업계획서는 당장 창업이 가능할 정도로 구체적이며, 이를 통해 창업에 성공한 사례도 상당수 있는 것으로 알려져 있다. 이 대학의 입학 경쟁률은 300대 1에 육박할 정도로 인기가 높다.

이 같은 마이크로 디그리(Micro Degree) 기반의 대안학교가 왜 이렇게 인기 있을까? 그것은 일반 대학과 달리 이론의 프레임에서 벗어나 학생과 기업이 필요로 하는 실무 교육을 단기간에 효율적으로 제공하기 때문이다. 앞으로 이런 단기대학이 점점 늘어날 것이다. 시시각각으로 변화하는 세상에서 4~5년 후에 어떤 직업이 새로이 등장할지 예측하고 대비하는 것은 어렵기 때문이다.

이처럼 일자리와 산업구조가 급격하게 바뀌는 세상에서 그때마다 필요한 신기술을 단기간에 집중적으로 습득할 수 있는 맞춤형 교육기관인 '마이크로 칼리지'의 등장은 필연적이다.

공부, 노동인가 즐거움인가

지금도 그렇지만, 아이들이 살아가야 할 미래는 대학 졸업장이 취업을 보장하지 못한다. 그리고 직업 혹은 직장 내에서의 역할 또한 수시로 바뀌게 될 것이다. 즉, 변화하는 사회가 수시로 요구하는 능력을 그때 그때 업데이트할 수 있어야 한다는 의미다.

기성세대는 초·중·고를 거쳐 대학이라는 정해진 노선 안에서 정해진 때에만 집중적으로 공부를 했고, 그것을 가지고 평생 살았다. 하지만 지금은 어떤가. 마이크로 칼리지의 등장만 보더라도 우리 아이들은 미래에 이런 단기대학을 수시로 들락날락하며 평생 밥 먹듯이 공부해야 경쟁력을 갖출 수 있다.

그러기 위해서는 공부를 평생 즐길 수 있어야 한다. 우리나라 고3 학생은 수능을 치르고 나면, 자신이 공부할 때 썼던 도구를 다 없애버린다고 한다. 그동안 노동과도 같았던 공부가 지긋지긋했기 때문일 것이다. 이처럼 공부가 노동처럼 느껴지면 평생 공부는 어림도 없다.

부모는 이제 선택해야 한다. 지금 우리 아이에게 성적만을 추구하는 공부를 시킬지, 자기를 개발할 도구로서 공부를 시킬지 말이다. 공부에 대한 가치관은 부모의 가치관이 아이에게로 이어지는 것이다. 그러므로 부모가 공부를 어떤 시각으로 바라보느냐에 따라 아이의 시각도 달라진다. 평생 배우며 살아야 하는 세상에서는 배움을 바라보는 시각이 무엇보다 중요해지고 있다.

이 시대가 요구하는 공부는 지식을 쌓는 공부가 아니다. 끊임없이 변화하는 사회에서 지속해서 배우고자 하는 자세를 익히는 공부가 필요하다. 언제 어디서나 배움의 열의를 일으킬 수 있어야 한다. 그러려면 공부가 즐거워야 한다. 공부가 즐거우면 누가 시키지 않아도 알아서 한다.

지금 우리 아이들은 자발적으로 지식을 탐색하고 사용하는 역량을 갖추어야 하는 시기다. 정해진 지식과 정답을 찾는 기술을 익히려고 학원 뺑뺑이를 도는 것은 시간 낭비, 돈 낭비다.

17
창의융합형 인재와 메이커 운동

평범한 우리 아이도 얼마든지 창조적인 메이커가 될 수 있다.
부모나 교사가 자신의 교육 틀에 아이를 가둬두지 않는다면 말이다.

인공지능 알파고가 세상의 주목을 받을 때, 그 뒤에서 조용히 미소짓는 사람이 있었다. 바로 인공지능 알파고를 개발한 구글 딥마인드의 창업자이자 최고 경영자인 데미스 하사비스(Demis Hassabis)다.

알파고를 만들어낸 데미스 하사비스

그는 어릴 때에 체스 신동이었다. 겨우 13세에 체스 챔피언 자리에 올랐다. 게임광이었던 그는 게임을 즐기는 것만으로 만족하지 않고 17살부터 게임을 개발했다. 고등학교 졸업 후에는 게임 개발회사에 영입되어 '테마파크'라는 세계적인 게임의 개발자가 되었다. 그러나 그는 놀랍게도 잘나가던 때에 회사를 그만두고 캠브리지 대학에 진학해서 컴퓨터를 전공했다. 그리고 졸업 후 다시 게임회사에 복귀해서 게임 역사에 한 획을 그은 시뮬레이션 게임 '블랙 앤 화이트'를 개발했다.

하지만 그는 여기서 그치지 않고 게임 업계를 은퇴한 뒤, 인공지능 개발에 뛰어들었다. 인공지능을 개발하려면 먼저 사람의 뇌를 이해할 필요가 있다고 생각한 그는 다시 유니버시티 칼리지 런던에 들어가 뇌과학을 공부해 박사학위를 취득했다. 그러고 2010년 드디어 세계를 놀라게 할 인공지능 스타트업 '딥마인드'를 설립했다. 2014년, 구글이 딥마인드를 거액의 돈을 지불하고 인수하면서 데미스 하사비스는 구글 딥마인드의 CEO가 되었고, 2016년 알파고를 세상에 선보였다.

당시 전 세계는 하사비스의 창조성보다 알파고의 능력에 더 경악했다. 하지만 따지고 보면, 알파고는 사람의 지식과 경험에 상상력과 창의성이 결합되어 탄생한 알고리즘 기계에 불과하다. 결국 세상을 리드하는 것은 알파고와 같은 인공지능이 아니라 데미스 하사비스와 같은 창의융합형 인재임을 알아야 한다.

그러므로 우리가 길러야 할 능력은 알파고의 계산력이 아니라 데미스 하사비스의 창조적 역량이다. 이것이 바로 전 세계가 창의융합교육에 주목하는 이유이다.

연결성, 실용성, 창조성

현재 전 세계는 국가 정책적으로 스팀(STEAM)형 인재를 양성하기 위해 노력하고 있다. 과학기술 시대를 선도할 인재 양성이 시급하기 때문이다. 우리나라 역시 데미스 하사비스나 스티브 잡스와 같은 창의융합형 인재를 양성하기 위해 스팀, 융합인재교육을 정책적으로 펼치고 있다. 하지만 현재 일선의 교사나 부모가 융합교육과는 거리가 먼 교육을 받은 세대이고, 대학입시에 초점이 맞춰져 있는 교육 환경 등으로 창의융합교육이 쉽지 않은 상황이다.

그렇다고 부모가 창의융합교육을 등한시할 수는 없다. 아이에게는 중요한 문제이기 때문이다. 그러므로 부모는 창의융합교육의 본질을 이해하려 노력해야 한다. 그리고 이에 따라 아이를 미래형 인재로 키울 전략을 짜야 한다.

창의융합교육의 3가지 핵심은 연결성, 실용성, 창조성이다. 창의융합교육의 목표는 궁극적으로 하사비스나 잡스 같은 창의적인 인재를 키우는 것이다. 이는 다양한 지식을 분야와 상관없이 연결해서 자신만의 방식으로 실용화하는 훈련을 함으로써 가능하다. 기존의 것을 재해석, 재명명, 재편집하는 것 또한, 창조성으로 이어진다.

데미스 하사비스는 어릴 때에 체스 신동이었다. 그는 어릴 때 자신이 좋아하는 것을 발견하고 몰입해서 마스터 경지에까지 다다랐다. 학력보다 실력으로 게임 개발회사에 픽업됐고, 현장에서 경험을 쌓은 다음 필요에 의해 대학에서 컴퓨터를 전공했다.

데미스 하사비스가 우리나라에서 컸다면 체스나 게임을 아무리 잘해도 부모와 주변의 등쌀에 결국 국·영·수를 공부하기에 급급했을 것이고, 고등학교 졸업 후에는 무조건 대학을 가야 했을 것이다. 그것도 자신의 적성과 상관없는, 소위 취업이 잘된다는 전공을 선택해서 말이다.

하사비스는 자신이 좋아하는 분야에서 실무와 이론을 겸비한 창의융합형 인재였다. 그리고 컴퓨터와 뇌과학 등, 다학문(多學問)을 융합시켜서 세계적인 인공지능 회사를 설립했다. 그는 4차 산업혁명 시대가 요구하는 진정한 창조적 메이커다.

스팀교육, 창의융합교육은 이론에 치중하는 교육이 아니다. 창의융합교육은 새로운 혁명의 시대를 살아갈 아이들을 '창조적인 메이커'로 만들고자 하는 교육이다. 최근 들어 교육의 패러다임이 바뀌면서 메이커 운동(Maker Movement)이 세계적으로 확산되고 있다.

메이커 운동은 '메이커들이 일상에서 창의적 만들기를 실천하고 자신의 경험과 지식을 공유하자는 운동'을 말한다. 우리나라도 2017년부터 한국과학창의재단에서 메이커 운동 활성화 사업을 추진하고 있다. 이는 학생뿐 아니라 민간의 다양한 창작활동과 지역의 자생적인 메이커 활동을 활성화하기 위한 노력이다. 국가의 미래가 창조적인 메이커에 달려 있기 때문이다.

오바마 전 대통령은 재임 당시 백악관 메이커 페어에서 "미국 제조업의 르네상스는 기술혁신으로 새로운 사업을 시작하는 기업, 창업가, STEM 기술을 배우는 학생들이 주인공이다. 메이커의 창의성을 촉발하고 발명 및 창업을 장려하기 위해 모든 미국인을 초청한다"고 했다.

우리는 현재 어린아이부터 기성세대에 이르기까지 필요한 것을 스스로 만들 수 있는 창의융합 시대에 살고 있다. 과거 취미생활이었던 DIY(Do It Yourself)와는 차원이 다르다. 지금은 다양한

메이커 운동은 '메이커들이 일상에서 창의적 만들기를 실천하고 자신의 경험과 지식을 공유하자는 운동'을 말한다. 우리나라도 2017년부터 한국과학창의재단에서 메이커 운동 활성화 사업을 추진하고 있다.

소프트웨어를 무상으로 제공하는 오픈소스(open source) 시대인 데다, 3D프린터와 같은 기술이 보편화되어 일반인도 얼마든지 창조적인 메이커가 될 수 있다. 이런 세상이기에 부모의 관심만 있다면, 아이를 창조적 메이커로 키우는 일은 그리 어려운 일이 아니다.

창의융합교육을 시험지에 가둬두는 교육으로 만들어서는 미래가 없다. 또 창의성을 무에서 유를 만들어내는 것만으로 오해해서도 안 된다.

워싱턴 포스트의 말콤 글레드웰(Malcolm Gladwell)은 "스티브 잡스의 천재성은 디자인이나 비전이 아닌 기존의 제품을 개량해서 새로운 제품을 만들어내는 편집능력에 있다"고 했다. 그렇다면 평범한 우리 아이도 얼마든지 창조적인 메이커가 될 수 있다. 부모나 교사가 자신의 교육 틀에 아이를 가둬두지 않는다면 말이다.

18
갭이어가 뭔가요?

말 그대로 정해진 노선에서 살짝 비켜나
진정한 자신을 만나기 위한 시간을 갖는 것이다.

구인·구직 매칭 플랫폼 사람인에서 우리나라 기업 355개사를 대상으로 신입사원 평균 근속연수를 조사한 바 있다. 고학력 청년 실업률이 사회문제로 대두되고 있는 가운데 치열한 경쟁을 뚫고 들어간 직장의 근속연수는 당연히 길 거라 예상할 것이다. 그러나 예상을 깨고 신입사원 평균 근속연수는 2.8년에 불과한 것으로 집계됐다. 또 통계청의 청년층 부가 조사 결과도 2018년 5월 기준 첫 직장 평균 근속기간이 1년 5.9개월로 상당히 짧았다.

입사하자마자 퇴사하는 신입사원들

그렇게 어렵사리 들어간 직장을 왜 이렇게 빨리 자진해서 퇴사하는 걸까. 그들이 말하는 이유를 들어보면 첫째, 연봉이 낮아서, 둘째, 직무가 적성에 맞지 않아서, 셋째, 입사 지원 시 생각했던 업무와 실제 업무가 달라서다. 이외에도 여러 이유가 있었으나 가장 큰 비중을 차지하는 것은 이 세 가지다.

청년 실업률이 계속 높아지는 가운데 난관을 뚫고 입사한 그들은 대부분 초·중·고를 거쳐 대학에서 성실하게 공부한 고학력·고스펙 인재들이다. 그러나 사회생활은 고학력·고스펙이 다가 아니다. 아마도 이런 현실과 괴리감을 느껴 퇴사한 사람이 많을 것이다.

대다수의 청년이 취직을 위해 학력은 물론, 다양한 스펙을 쌓으려 노력한다. 그런데 자신이 진정으로 원하는 것이 무엇인지 알아보려는 노력은 별로 하지 않는다. 그러다 보니 무엇을 할 때 성취감을 느끼는 방법조차도 모른다. 이처럼 자아탐색이 부족한 상태로 입사하니, 현실과 괴리감을 느끼는 것은 당연하다. 그리고 이를 못 견뎌 자진 퇴사하는 것이다. 이것은 기업에도 좋지 않다. 큰 비용을 들여 자기 몫을 할 정도로 키워놨는데 갑자기 퇴사해버리면, 기업으로서는 손해가 이만저만이 아니다.

공무원이 꿈

우리나라에 언젠가부터 '공시족'이라는 새로운 계층이 생겼다. 고등학생부터 대다수의 청년, 일부 장년층에 이르기까지 공무원을 꿈꾸는 인구가 40만 명 정도라고 한다. 이대로 가다가는 대입 수험생 숫자를 능가할지도 모른다. 지원자가 많다 보니 합격률은 1.8% 정도에 불과하다.

이렇게 공무원 시험에 매달리는 현상을 해외에서는 기이한 시각으로 바라본다. 투자의 귀재 짐 로저스(Jim Rogers)는 "한국의 공무원 열풍은 대단히 충격적인 일이다. 활력을 잃고 몰락하는 사회의 전형이다"라고 했다.

어쩌다 이렇게까지 됐을까. 불황이 계속되면서 청년들이 안정성을 가장 우선으로 여기다 보니 그렇게 된 것일까? 청년들이 그렇게 된 것은 학교와 부모, 혹은 사회가 시키는 대로 해온 탓도 크다. "다 필요 없어. 안정적인 직장이 최고야"라는 말을 귀에 딱지가 앉도록 듣는데, 굳이 자기 적성을 찾거나 성취감을 느껴보려 할까? 그나저나 그토록 원하던 공무원이 되면 행복하게 잘 살 수 있을까?

우리는 100세 시대를 살고 있다. 100년의 인생을 잘살아 보겠다면서 초반 20년 이상은 오로지 공부에 매달린다. 그 공부란 것이 학벌이나 스펙을 쌓기 위한 단순 지식 위주의 공부이다. 그 지식을 사용할 사람은 바로 자신인데, 정작 자신에 관한 공부는 없다. 이렇게 인생 설계 초반부터 삐걱거리니 대학에 들어가면 대2병에 걸리고, 직장에 들어가도 1년 6개월 만에 그만두는 것이다.

갭이어는 나를 찾는 시간

몇 해 전 버락 오바마 전 미국 대통령의 딸 말리아 오바마가 '갭이어(Gap year)'를 가져 화제를 모았다. 말리아 오바마는 하버드 대학 입학 전 1년간의 갭이어 기간을 이용해 영화 제작사에서 인턴으로 근무했다. 영국의 윌리엄 왕자 역시 대학 입학 전 갭이어를 가졌던 거로 알려져 있다. 그는 갭이어 기간에 남아메리카 벨리즈에서 군사훈련을 받고, 칠레 파타고니아에서는 영어교육 봉사자로 활동했다고 한다. 우리가 잘 아는 영화 해리포터 시리즈에 출연한 배우 엠마 왓슨도 대학 입학 전 갭이어를 가졌다. 이 기간에 그녀는 자신이 평소 관심이 많았던 패션업체에서 일하며 직접 디자인도 했다고 한다.

그들이 특별히 가졌던 이 시간은 무엇이며 어떤 의미가 있을까. 우리에겐 다소 생소한 '갭이어'란 '고등학교 졸업 후 대학 진학에 앞서 한 학기 혹은 1년간 여행을 하거나 봉사활동, 인턴 등 사회 경험을 쌓으면서 자신의 자아를 탐색하고 진로를 모색하는 기간'을 말한다. 말 그대로 정해진 노선에서 살짝 비켜나 진정한 자신을 만나기 위한 시간을 갖는 것이다.

갭이어는 영국에서 시작돼 유럽 전체로 퍼졌고, 지금은 전 세계로 확산되고 있다. 나라에 따라서는 의무적으로 시행하는 경우도 있다. 미국 갭협회 연례보고서에 의하면 갭이어를 보내는 학생이 해마다 늘어나고 있다고 한다. 우리나라는 현재 대중적으로 알려지지는 않았지만, 개별적으로 갭이어를 보내는 이들이 있다.

우리나라는 고등학교를 졸업하면 대학에 들어가고, 대학을 졸업하면 취업하는 일을 당연히 여긴다. 하지만 자아탐색이 부재한 상태로 진학하면, 전공이 적성과 안 맞아 자퇴하는 경우가 생긴다. 힘들게 들어간 직장 역시 적성에 맞지 않아 그만두는 경우가 많다. 그러므로 긴 인생에서 1~2년쯤 자아를 탐색하는 시간을 갖는 것은 낭비가 아니다. 오히려 시행착오를 줄여주어 보다 효율적인 삶을 살도록 해준다.

갭이어는 아니지만, 우리나라는 현재 중학교에서 학생의 꿈과 끼를 탐색하는 시간인 자유학기제를 시행하고 있다. 하지만 준비가 미흡한 상태에서 시작하다 보니, 이렇다 할 성과를 거두지 못하고 있다. 게다가 자유학기제의 긍정적인 효과보다 학생들의 학력이 떨어지는 등의 부정적 효과가 더 크다는 우려의 목소리가 나오고 있다. 그러나 자신이 누군지도 모르고 하는 국·영·수·사·

과 공부는 기계가 하는 공부와 다를 바가 없다.

우리도 이제 '갭이어'를 적극적으로 생각해 볼 때가 됐다. 학생이 공부를 더 즐기기 위해, 사회인이 직업을 통해 자신의 가치를 실현하기 위해 자아를 탐색하는 시간과 기회는 정말 중요하다.

4부
구분할 수 있어야 한다

무엇이 진짜 공부인가?

교육은 지식을 많이 암기하도록 이끄는 것이 아니다.
교육은 아는 것과 모르는 것을 구분할 줄 아는 능력을
키워주는 것이다.

– 아나톨 프랑스 Anatole France

19
기업은 이미 인재의 기준과 채용 방식을 바꾸었다

소통과 협력, 전문성, 원칙·신뢰, 도전정신, 주인의식, 창의성, 열정, 글로벌 역량, 실행력 등 9가지 역량이다.

2018 지방공공기관 채용정보 박람회에서는 부대행사로 블라인드 모의면접을 진행했다. 우리나라 대기업과 공공기관이 블라인드 면접과 블라인드 채용을 점차 늘려가는 가운데, 모의면접은 관심이 뜨거웠다. 모의면접에 선정된 취업 준비생 3명이 자기소개서를 제출하고, 이를 면접관이 사전에 숙지한 후 면접을 보는 방식이었다. 이름, 출신학교와 같은 신상정보나 스펙 등을 제공하지 않는 블라인드 면접이었다. 면접관들은 면접자들이 제출한

자기소개서를 바탕으로 질문했다.

"서울주택도시공사에서 왜 당신을 뽑아야 하는지 자신의 강점과 함께 말해 보라."
"서울시의 주택문제를 해결할 방안은 무엇인가?"

지원자의 자기소개서나 답변에 바탕을 둔 질문도 이어졌다.

"자기소개서에 소통을 잘한다고 했는데, 경험을 바탕으로 말해 보라."
"재건축 수익금을 잘 활용해야 한다고 했는데, 아이디어가 있는가?"

지원자들은 면접관의 질문에 대답은 했지만, 구체적이지 못했다. 지원자들은 그런 자신을 당황스러워 했다. 이날 면접관으로 참석한 조명성 서울주택도시공사 수석연구원은 "최근 채용은 잠재력보다는 당장 활용 가능한 능력을 평가하는 추세다. 지원 회사에 관심이 많고 자신의 능력과 경험을 구체적으로 어필할 수 있어야 한다"고 조언을 했다.

블라인드 면접, 블라인드 채용

사회가 변하면서 기업이 요구하는 인재의 기준도 바뀌고 있다. 4차 산업혁명의 시대에서는 단순 반복 업무는 대부분 로봇과 인공지능이 담당하기 때문에, 그동안 정해진 일을 성실하게 수행하던 화이트칼라는 빠른 속도로 대체당하고 있다. 따라서 근면성실하게 정해진 일을 시키는 대로 잘 수행하는 사람은 이제 더는 기업이 원하는 인재가 아니다.

그동안 우리나라 기업은 학력과 스펙을 기준으로 신입사원을 채용했다. 하지만 언젠가부터 그들은 기업이 원하는 역량을 발휘하지 못했다. 대기업의 한 인사 관계자는 고학력자일수록 안정성만 추구하고, 유연성이 떨어지며, 정해진 일만 하려는 경향을 보인다고 평가했다. 한마디로 4차 산업혁명 시대에 맞는 인재가 아닌 것이다.

따라서 우리나라는 몇 년 전부터 대기업 및 기관, 공기업 등에서 블라인드 면접, 블라인드 채용을 늘리고 있다. 쉽게 말해 서류에 기재된 학력과 스펙으로 평가하는 대신, 실무능력과 인성을 면접을 통해 확인해 보고, 이에 상응하는 창의적인 인재를 뽑겠다는 것이다. 그래서 자기소개 프레젠테이션을 하게 하거나, 1박 2일간 합숙을 진행하며 주요한 이슈를 끊임없이 토론하게 하거나, 면접 시 돌발 질문을 하는 등 기업의 채용방식 또한 다양해지고 있다.

몇 년 전부터 삼성은 창의성 면접을 실시해 화제가 되었다. 일반적인 토론 면접은 지원자끼리 특정 주제에 관해 토론한다. 그런데 삼성의 창의성 면접은 면접관과 지원자가 토론을 벌인다. 즉, 비슷한 수준의 지원자끼리 토론하는 게 아니라, 사회경험과 전문지식이 풍부한 면접관과 토론하는 것이다. 이를 통해 면접관은 지원자의 독창적인 아이디어와 논리전개 과정을 평가한다고 한다.

21세기 인재의 조건

그렇다면 기업이 원하는 구체적인 인재 조건은 무엇일까? 기업은 블라인드 면접, 토론 면접, 창의성 면접 등으로 지원자의 무엇을 알아내고 싶은 것일까?

최근 대한상공회의소가 국내 매출액 상위 100대 기업의 인재상을 분석했다. 2008년에 1위가 창의성이었던 것과 달리, 2018년 1위는 소통과 협력이었다. 1위부터 살펴보면 소통과 협력, 전문성, 원칙·신뢰, 도전정신, 주인의식, 창의성, 열정, 글로벌 역량, 실행력 등 9가지 역량이다.

이처럼 기업이 학력과 스펙 대신 블라인드 면접과 블라인드 채용을 늘리고 있는 이유는, 학력으로는 드러나지 않는 9가지 역량을 가진 인재를 뽑고 싶기 때문이다. 즉, 변화된 사회에서 필요한 기본 역량을 가졌는지 살펴보겠다는 것이다.

이것은 신입사원 교육 등으로 가르칠 수 없는 역량이다. 어려서부터 부모와의 관계 속에서 성장 단계마다 자연스럽게 형성되는 습관과 기질이기 때문이다.

그럼 우리 아이들은 어떤 공부를 해야 하는가. 이처럼 기업이 인재의 기준을 바꿨다면, 국·영·수가 아니라 인성과 자신만의 사회적 역량을 키워야 하지 않겠는가. 기업은 변화하고 혁신하기 위해 애쓰고 있는데, 학교와 가정교육은 20세기에 머물러서야 되겠는가.

구글도 SKY를 알까?

《구글은 SKY를 모른다》의 저자 이준영은 스카이(SKY) 출신도 아니고 영어도 못했지만, 구글 최초 한국인 엔지니어가 됐다. 그는 자신이 실제 경험한 대로, 더는 스펙과 프로필이 중요하지 않다고 주장하고 있다.

"구글에는 많은 한국인이 일하고 있다. 우리는 그들을 뽑을 때 학력이 아니라, 미래를 만들어갈 자질과 잠재력을 갖추고 있는가를 보았다"

에릭 슈미트(Eric Schmidt) 구글 회장의 말이다.

요즘 우리나라 대부분 기업에서 인재 부족 현상이 심각하다. 부모와 아이들은 그렇게 열심을 다하는데, 기업은 인재가 없다고 아우성친다. 그렇다면, 내가 혹시 초연결 시대에 국내에서도 더는 통하지 않는 과거의 기준에 아이들을 가둬놓는 부모는 아닐까 되돌아봐야 한다.

20
이제 대입 시험도 글로벌하게, IB

인공지능과 함께 21세기를 살아갈 신인류의 주요 가치는
개성과 인성에 있다.

주입식 교육이 우리나라보다 더 심했던 일본이 최근 교육 대혁명을 선언했다. 그들은 '4차 산업혁명 시대에 교육이 바뀌지 않는다면 국가적 재난이 올 것'이라며 초·중·고 및 대학입시까지 전반적으로 교육과정과 시험을 바꾸고 있다. 갈수록 저출산, 고령화가 심해지고 산업과 고용구조가 급변하는 상황에서 과거 주입식 교육으로는 경쟁력을 갖추기 어렵다는 위기의식에서 출발한 것이다.

IB란?

일본의 대대적인 교육 개혁의 중심에는 국제 바칼로레아, IB(International Baccalaureate)가 있다. IB는 스위스 비영리 교육 재단 '국제 바칼로레아 기구(IBO)'가 주관하는 시험·교육과정이다. IB는 1968년 외교관 자녀 및 주재원 자녀 등의 교육을 위해 개발돼 현재 전 세계 146개국 3,700여 학교에서 100만 명 이상의 학생이 이수하고 있는 국제공인 교육과정이다. IB는 3세부터 19세까지의 학생에게 3단계 교육 프로그램을 제공한다. 1단계는 IB 초등교육 프로그램, 2단계는 IB 중등교육 프로그램, 3단계는 IB 디플로마 프로그램이다.

흔히 말하는 IB는 16세부터 19세까지의 3단계, IB 디플로마 프로그램이다. IB 디플로마는 2년에 걸친 고교과정으로 매년 5월과 11월에 수능과 같은 개념의 시험을 치른다. 그리고 다음 3가지 과제를 이수해야 수료할 수 있다.

1. 논문 : 학생의 독자적인 연구와 추론을 4,000자 미만의 에세이로 제출한다.
2. TOK(Theory of Knowledge) : 철학, 도덕, 논술 등을 통합하여 비판적이고 이성적인 사고를 기르는 과정으로 100시간을 이수하고 1,200에서 1,600자 이내의 에세이와 프레젠테이션을 완성해야 한다.

3. 봉사와 교외 활동 : 학생들은 교과과정에 없는 새로운 것을 배우는 크리에이티비티(Creativity) 50시간, 물리적인 운동 액션(Action) 50시간, 그리고 봉사하는 서비스(Service) 50시간을 2년에 걸쳐 이수해야 한다.

이 IB 디플로마가 매우 도전적이며 힘든 과정이라는 것은 세계가 인정하기 때문에 현재 75개국, 2,000개가 넘는 대학에서 IB 학생을 환영하고 있다.

일본은 2015년 아시아 국가 최초로 초·중·고 공교육에 IB를 도입했다. 오랫동안 주입식 교육으로 일관했던 일본의 공교육이 IB로 바뀌고 있다는 것은 주목할 만하다. IB의 핵심이 논리적으로 생각하고 말하고 쓰고, 비판적으로 토론하는 공부이기 때문이다.

가미쿠보 마코토 리쓰메이칸대학 정책과학부 교수는 "인공지능(AI)이 대체할 수 없는 고급 사고력을 필요로 하는 업무가 가능한 인재를 기르기 위해서는 이런 교육 개혁이 필수적"이라고 말했다.

IB가 말하는 학습자의 10가지 자질

그렇다면 우리나라는 어떨까. 2018년, 우리나라는 제주도에서 열린 한국교육과정 학술대회에서 IB를 국내 공교육에 도입하기 위한 3단계 방안을 발표했다. 1단계는 IB 교육과정의 한글 번역, 2단계는 시범학교 지정, 3단계는 한국바칼로레아 본부 설립이다. 그리고 먼저 제주도교육청과 대구시교육청이 IB를 한국어화해 들여오기로 결정했다. 이처럼 교육 방향은 교사 중심의 주입식에서 학생 중심으로, 일방적인 가르침에서 자발적인 배움으로, 국내에만 통하는 자국형에서 세계적으로 통하는 국제형으로 바뀌고 있다.

그렇다면 IB 교육과정이 세계적으로 인정받는 이유가 뭘까. 그 이유는 IB Learner Profile(학습자의 자질)에서 찾을 수 있다.

1. 사려 깊은 사람
2. 도전을 두려워하지 않는 사람
3. 원활한 의사소통이 가능한 사람
4. 균형 잡힌 사고를 지닌 사람
5. 원칙을 존중하는 사람
6. 지식이 많은 사람
7. 생각하는 사람
8. 탐구하는 자세를 지닌 사람
9. 반성할 줄 아는 사람
10. 열린 사고를 지닌 사람

"미래로 나갈 아이들이 해야 할 공부는 무엇인가?"라고 질문한다면 나는 "위 10가지 성품을 기르는 공부를 해야 한다"라고 답할 것이다. 즉, 앞으로는 지식을 쌓는 공부가 아니라 인성을 기르는 공부를 해야 한다. 인공지능과 함께 21세기를 살아갈 신인류의 주요 가치는 개성과 인성에 있다. 20세기에 중요하게 여겼던 지식은 그저 덤에 불과하다.

대입도 이제 글로벌하게

그렇다면 앞으로 대학 입시는 어떻게 바뀔까. 일본에서도 최대의 관심사는 대학 입시다. 그들은 과감히 빠른 선택을 했다. 일본은 2020년 우리나라 수능과 같은 객관식 시험인 센터시험을 폐지하기로 했다. 그들은 21세기 아이들에게 기억력과 정답을 테스트하는 센터시험이 더는 의미가 없다고 판단한 것이다.

대신에 그들은 대학 입시에 아이들의 생각을 묻는 서술과 논술, 에세이, 프레젠테이션을 도입했다. 대학 입시에서 중요한 비중을 차지하는 국어와 수학부터 객관식 시험을 없애고 논술형 시험으로 바꾸기로 했다. 이에 관해 일본 문부과학성 측은 "현대사회의 복합적인 문제를 풀 수 있는 사고력과 문제해결력을 키워주자는 취지"라고 밝혔다.

일본 대학 입시, 어떻게 바뀌나		현행 우리나라 대학 입시
현재	2020년 시행	
대학센터시험(한국의 수능, 객관식 위주)	고교 기초학력진단평가 도입, 대학입학공통시험(사고력 묻는 서술형 출제)	정시 전형 방법 – 수능 성적 위주(대부분 객관식)
2차 시험(대학별 시험, 암기 위주 서술형)	2차 시험(프레젠테이션, 논술 등 다양한 방법 도입)	수시 전형 방법 – 학생부 교과(내신 위주) – 학생부 종합(내신 + 동아리 등 비교과 활동) – 논술, 실기 등

우리나라가 가야 할 방향도 결국 이것이 아닐까. 당장은 여러 가지 이해관계가 얽혀 대학 입시를 전면적으로 수정하기 어렵겠지만, 사회 변화가 교육의 변화를 촉구하는 만큼 독창적인 사고력과 문제해결력을 알아보는 형태로 대학 입시가 바뀔 것은 분명하다. 또한, 미래의 아이들은 국경을 넘나들며 직업을 가질 것이기 때문에 글로벌에서도 통하는 교육 시스템으로 전환될 것이다.

대부분 비슷한 공부를 하는 것 같지만, 누군가는 전혀 다른 공부를 하고 있다. IB가 그 증거다. 국내에서도 누군가는 글로벌한 인재로 성장하기 위한 공부를 하고 있을 것이다. 누가 경쟁력 있는 진짜 공부를 하는 것일까?

21
역량평가 중심의 성적표가 등장했다

사고, 감정, 태도, 공감, 자율성, 혁신, 신뢰 등은 아직은 인간만의 영역이며, 이 영역을 평가하고자 새로운 성적표가 등장한 것이다.

《대학에 가는 AI vs 교과서를 못 읽는 아이들》의 저자 일본의 아라이 노리코 교수는 2011년부터 '로봇은 도쿄 대학에 들어갈 수 있는가'라는 프로젝트를 진행했다. 노리코 교수는 '도로보군'이라는 인공지능의 도쿄대 합격을 목표로 삼았다.

인공지능 도로보군은 도전을 거듭할수록 성적이 좋아졌으나, 도쿄대에 합격하지는 못했다. 그러나 메이지 대학, 아오야마 가쿠인 대학, 릿쿄 대학, 주오 대학, 호세이 대학 등, 중상위권 대학에는 무난히 합격했다. 게다가 전체 수험생 중 상위 20%에 해당하는 성적을 달성하기까지 했다. 노리코 교수가 이 프로젝트에 참여한 이유는 도쿄대에 합격할 수 있는 로봇을 개발하기 위함이 아니었다. 그가 프로젝트를 진행한 이유는 AI가 과연 어디까지 할 수 있으며, 도저히 할 수 없는 일은 무엇이지 밝혀내기 위함이었다.

도쿄대 입학에 도전한 AI

그렇다면 도로보군은 왜 도쿄대에 합격할 수 없었을까. 아직까지 인공지능은 글의 의미를 이해하지 못하기 때문이다. 하지만 앞으로 인공지능이 진화를 거듭하여 언젠가 인간처럼 사고할 날이 올 수도 있다. 과학기술 분야에서는 2045년쯤에 이러한 인공지능이 등장하리라 예측하지만, 현재의 인공지능은 인간처럼 추론, 추리, 맥락 짚기 등으로 숨은 의미를 파악하는 것이 불가능하다.

노리코 교수에 의하면, 도쿄대에 도전했던 도로보군은 의미를 깊이 이해해서 풀어야 하는 문제를 극복하지 못해 실패했다고 한다. 예를 들어, 인공지능 스피커에게 "이 근처의 맛있는 이탈리아 음식점은?"이라고 질문을 하든, "이 근처에 맛없는 이탈리아 음식점은?"이라고 질문을 하든, 그 대답은 같다는 것이다. 인공지능 스피커는 '맛있다'와 '맛없다'의 차이를 모르기 때문이다. 또, "이 근처에 있는 이탈리아 음식점 이외의 음식점은?"이라고 질문해도 앞의 대답과 동일하다. 인공지능 스피커는 '이외의'라는 애매한 말의 의미를 해석할 수 없었기 때문이다. 결국 현재의 인공지능은 사람의 질문을 이해하는 척하며, 빅데이터에 의존해 대답하는 것일 뿐 인간처럼 진짜 사고를 하는 것은 아니다.

하지만 우리가 이 프로젝트에서 주목해야 할 점도 있다. 도로보군은 도쿄대 합격에는 실패했으나 그 외 다수의 중상위권 대학에는 합격했다는 사실이다. 게다가 전체 수험생 중 상위 20%에 해당하는 실력을 보여줬다. 다시 말해 도로보군보다 실력이 떨어지는 수험생이 80%나 된다는 사실이다.

대량의 빅데이터를 기반으로 기계학습을 하는 인공지능이 풀 수 있는 문제는 생각보다 많다. 그리고 알파고나 왓슨처럼 특정 분야에서는 인간을 능가한다. 그렇다면 더더욱, 노리코 교수의 말처럼 이제는 인간이 할 수 있는 일과 할 수 없는 일을 구분하는 지혜가 필요하다.

역량평가 성적표

최근 미국에서 100대 명문 사립 고등학교의 성적표를 바꾸기 위한 작업을 시작했다. 우리가 익히 알고 있는 성적표는 다양한 과목의 점수, 평균, 등수가 나와 있는 것이다. 그런데 2017년 5월 미국 교육 전문지 〈인사이드 하이어 에드〉에 따르면 미국 100대 명문 사립고에서는 기존 과목의 성적을 매기는 대신, 학생들의 핵심 역량을 기입하기로 했다고 한다. 성적표의 새로운 평가 항목을 들여다 보면 다음과 같다.

- ☑ 분석적/비판적 사고능력
- ☑ 복합적 의사소통
- ☑ 리더십과 팀워크
- ☑ 디지털/양적 리터러시
- ☑ 세계적 시각
- ☑ 마음의 습관
- ☑ 진실성과 윤리적 의사결정
- ☑ 적응력/진취성/모험정신 외

국·영·수·사·과 과목에 익숙한 우리에게 위와 같은 항목으로 평가한다면 쉽게 수용할 수 있을까. 이 역량 성적표의 항목이 보여주는 것은 무엇인가. 미국 명문 고등학교에서는 왜 이것을 평가하기로 결정했을까.

그것은 인간의 경쟁력을 단순 지식만으로 평가하는 시대가 끝났기 때문이다. 위에 있는 역량을 자세히 살펴보자. 이것은 인공지능과 공존하는 사회에서 인간이 갖추어야 할 역량, 그리고 디지털 혁명 사회를 살아가야 할 인간의 태도와 관련된 것이다.

이는 인간만이 가지고 있는 감성과 사고력으로 길러야 하는 것이기도 하다. 사고, 감정, 태도, 공감, 자율성, 혁신, 신뢰 등은 아직은 인간만의 영역이며, 이 영역을 평가하고자 새로운 성적표가 등장한 것이다. 그러므로 미국의 100대 사립 명문고가 역량중심의 평가를 하겠다고 한 것은, 변화하는 세상의 요구를 시의적절하게 수용한 것이라 할 수 있다.

인간 고유의 역량은 소프트 스킬

우리는 지금까지 국·영·수·사·과를 주요 과목으로 삼고 공부했다. 그리고 지필 시험으로 학생들을 평가했다. 학생들은 시험 성적에 따라 줄 세워졌다. 그런데 언젠가부터 국·영·수·사·과를 인간보다 더 잘하는 도보로군 같은 인공지능이 등장했다. 그 어느 학생도 지필 시험에서 인공지능을 능가하기는 어려울 것이다.

다시 한 번 강조하지만, 인공지능을 능가하고 이용하기 위해서는 인간 고유의 역량을 키워야 한다. 그렇다면 이러한 역량은 어디에서 기를 수 있을까? 이것도 아이들을 학원에 보내면 해결

될까?

《대학에 가는 AI vs 교과서를 못 읽는 아이들》의 저자이며 인공지능 도로보군을 연구한 아라이 노리코 교수는 도로보군의 등장과 진화로 아이들이 위협받고 있다고 했다. 그 이유는 아이들의 사고력과 읽기 능력이 갈수록 떨어져 인간 고유의 역량을 펼치지 못하고 있기 때문이다.

20세기에 중요했던 하드 스킬은 이제 인공지능이 대부분 익히고 있다. 따라서 인간은 하드 스킬을 다루는 소프트 스킬을 익혀야 한다. 결국, 인간만의 소프트 스킬을 길러내는 것이 미래를 준비하는 공부라는 사실을 주지해야 할 것이다.

22
하버드에서 가장 인기 있는 수업에는 질문이 있다

끊임없이 생각해야 하는 수업!
바로 이것이 샌델 교수의 강의가 인기 있는 이유였다.

탈무드를 공부하고 싶은 한 젊은이가 랍비를 찾아왔다. 랍비는 이 젊은이가 탈무드를 공부할 준비가 돼 있는지 논리력을 시험해 보기로 했다. 랍비는 젊은이에게 질문했다.

“도둑 두 사람이 굴뚝을 통해 어떤 집에 침입했소. 한 사람은 깨끗한 얼굴로 굴뚝에서 내려왔고, 다른 사람은 더러운 얼굴로 내려왔소. 누가 씻으러 갔을 것 같소?”

“더러운 얼굴을 한 사람이 씻으러 갔겠지요.”

"틀렸소. 깨끗한 얼굴을 한 도둑이 씻으러 갔소. 간단한 논리요. 더러운 얼굴을 한 도둑은 깨끗한 얼굴의 도둑을 보고서 자기 얼굴도 깨끗할 것으로 생각했소. 그러나 깨끗한 얼굴의 도둑은 더러운 얼굴을 한 도둑을 보고 자기도 더러울 것으로 생각하고 씻으러 간 것이오."

"그렇군요. 다른 질문은 없습니까?"

젊은이의 질문에 랍비는 같은 질문을 반복했다. 이에 젊은이는 앞서 랍비가 말해 준 대로 얼굴이 깨끗한 도둑이 씻으러 갈 것이라고 했다.

"틀렸소. 두 사람 모두 씻으러 갔소. 깨끗한 얼굴을 한 도둑이 더러운 얼굴의 도둑을 보고 씻으러 가자, 더러운 얼굴을 한 도둑도 따라 씻었소."

"저는 그렇게 생각하지 못했습니다. 다시 한 번 시험해 보세요."

그러자 랍비는 이번에도 똑같은 질문을 했다. 이에 젊은이는 두 사람 다 씻으러 갔다고 대답했다.

"이번에도 틀렸소. 아무도 씻지 않았소. 더러운 얼굴의 도둑이 깨끗한 얼굴의 도둑을 보고 자기도 깨끗하다고 생각해서 씻으러 가지 않았소. 깨끗한 얼굴의 도둑도 마찬가지요. 더러운 얼굴의 도둑이 씻으러 가질 않자, 그도 씻으러 가질 않았소."

그러자 젊은이는 계속 탈무드 공부를 하게 해 달라며, 다시 한 번 기회를 달라고 했다. 이에 랍비는 똑같은 질문을 다시 했다. 젊은이는 자신 있게 대답했다.

"아무도 씻으러 가질 않았습니다."

랍비는 이번에도 틀렸다며 다음과 같이 말했다.

"두 사람이 똑같은 굴뚝으로 내려왔는데 어떻게 한 사람은 깨끗하고 한 사람은 더럽겠소?"

그러자 그 젊은이가 화가 나서 말도 안 된다며 랍비에게 따졌다. 랍비가 웃으며 말했다.

"이게 탈무드라오."

탈무드의 비결

유대인에게는 세계적으로 유명한 탈무드 공부법이 있다. 유대 아이들은 9~10세 전후로 탈무드를 배우기 시작한다. 끊임없는 아이디어를 얻기 위해 탈무드 연구에 평생을 바치는 학자도 많다. 오늘날 세계 거의 모든 분야를 리드하고 있는 유대인의 눈부신 성취를 보면서, 그 이유 중 하나가 탈무드에 있지 않을까라는 생각도 한다.

앞의 탈무드에서 나온 한 토막의 이야기를 읽고 무슨 생각이 들었는가. 어떤 독자에게는 말장난으로 느껴졌을지도 모르겠다. 그런데 왜 많은 사람들이 탈무드를 오늘날 유대인이 눈부신 성취를 이루게 한 비결이라 말하는 걸까.

탈무드를 한마디로 정의하면 토론집이다. 하나의 주제를 갖고 질문하고 답하는 것을 반복한다. 정답이 없거나, 혹은 여러 개가 될 수도 있다. 아예 결론을 내리지 못하는 경우도 허다하다. 탈무드의 토론에는 다양한 생각과 그 생각을 뒷받침하는 다양한 근거가 있을 뿐이다. 바로 이것이 탈무드 공부법의 본질이고, 유대인은 이를 통해 남다른 창조적 사고를 키우게 된다.

탈무드에서 가장 중요한 것을 한 가지 꼽으라면 바로 질문이다. 그것도 사실을 있는 그대로 받아들이지 않는 '질문' 말이다. 유대인은 늘 '왜'라는 말을 달고 산다. 탈무드 토론은 항상 하나의 질문으로 시작해서 상대의 답을 의심하고 반박하며, 또 다른 질문으로 이어진다. 그래서 우리가 보기에는 말장난처럼 보일 수도 있다. 그러나 이를 통해 유대인의 남다른 창조성이 길러진다는 것을 깨닫는다면 더는 말장난으로 여길 수 없을 것이다.

생각을 부르는 질문

《정의란 무엇인가》의 저자 마이클 샌델 교수는 27세에 하버드대학의 최연소 교수가 되어 지난 30년간 하버드대에서 정치철학을 강의하고 있다. 그는 2008년 미국정치학회가 선정한 최고의 교수이기도 하다. 그의 '정의(Justice)'라는 강의는 지난 20년간 하버드대학에서 가장 인기 있는 강의로 꼽히며 지금까지 수많은 학생들이 수강한 것으로 알려졌다.

인기의 비결은 무엇일까. 그의 수업 안으로 살짝 들어가 보자. 그의 수업은 하나의 질문으로 시작된다.

"여러분은 시속 100km로 달리는 전차의 기관사다. 선로 앞쪽에 작업 중인 인부 5명이 보인다. 그런데 아무리 애를 써도 전차는 멈추지 않는다. 브레이크가 고장 났다. 당신은 필사적이다. 전차와 충돌할 경우 5명의 인부가 죽는다는 것을 알기 때문이다. 그런데 그때 오른쪽으로 난 비상 철로가 보인다. 그 비상 철로 끝에는 인부 1명이 작업 중이다. 핸들은 고장 나지 않았기 때문에 비상 철로로 가서 1명을 희생시키는 대신, 5명을 살릴 수 있다. 여러분은 어떻게 할 것인가?"

샌델 교수의 질문은 수업 시작부터 학생들을 딜레마에 빠지게 했다. 학생들은 5명의 인부를 살릴 것인지, 아니면 1명의 인부를 살릴 것인지 선택해야 한다. 그 어떤 대답도 정답은 아니다.

학생들이 고민에 고민을 거듭하다 어렵사리 대답하면, 샌델 교수는 "왜 그렇게 생각했는가?"라며 다시 질문을 던졌다. 학생이 다시 대답하면, 샌델 교수는 또 다른 질문으로 반박했다. 이렇게 학생들은 수업 시간 내내 샌델 교수와 더불어 생각하고, 몰입하고, 자기 생각을 논리적으로 설명해야 했다. 샌델 교수의 수업은 학생들이 가만히 앉아서 강의하는 것을 받아 적기만 하는 수동적인 공부가 아니었다. 끊임없이 생각해야 하는 수업! 바로 이것이 샌델 교수의 강의가 인기 있는 이유였다.

이혜정 교수는 《누가 서울대에서 A+를 받는가》에서 서울대에서 2학기 연속 4.0 이상의 학점을 받는 공신들의 문제점을 고발했다. 서울대 최우등생들은 수업 시간에 강의실 맨 앞자리에 앉아 교수의 농담까지 받아 적으며 수업내용을 달달 외워 시험을 치른다고 했다.

《누가 서울대에서 A+를 받는가》에 의하면 서울대 강의실에는 교수의 훌륭한 강의가 있다. 그러나 질문은 없다. 교수는 강의실에서 아이들을 열심히 가르치기 위해 자신의 두뇌를 많이 사용한다. 그러나 강의를 듣는 학생들은 생각할 필요가 없다. 하나에서 열까지 교수가 다 알려주고, 학생들은 그것을 받아 적기만 하면 된다. 그리고 학점을 잘 받기 위해 자기의 생각 대신 교수의 생각을 달달 외어 시험지에 적는다.

4차 산업혁명 시대에 인공지능과 함께 살아야 할 아이들에게 진짜 공부는 무엇인가. 자기의 생각을 드러내는 것보다 교수의 생각을 달달 외우는 것이 공부일까. 우리나라에서 마이클 샌델 교수의 '정의'가 명성을 얻은 것은 그의 탁월한 식견 때문만은 아니었던 것 같다. 우리나라에서 보기 힘든 질문법으로 강의했기 때문은 아닐까. 오늘날의 유대인을 만든 그것, 하버드 대학에서 20년 동안 학생들에게 관심을 받은 그 '질문' 말이다.

23
소비자 대신 생산자가 되는 공부, 디자인 씽킹 하라

누구나 크리에이터가 가능한 세상에서 경쟁력은 무엇일까.
자신만의 독특하고 차별화된 콘텐츠가 아닐까.

2015 개정교육의 창의융합형 인재 양성의 세부 목표에는 '새로운 지식을 창조하고 다양한 지식을 융합하여 새로운 가치를 창출한다'가 있다. '새로운 지식을 창조한다'는 무엇을 말하는 것일까?

기성세대에게 지식은 학습자 스스로 창조하는 것이 아니었다. 배워야 할 것이 정해져 있고, 학습자가 그것을 교사로부터 습득하는 것이 바로 지식이었다. 그런데 이 시대의 학습자에게 '새로운 지식 창조, 다양한 지식 융합, 새로운 가치 창출'이라는 미션이

주어졌다. 부모가 이에 관한 이해가 부족하면, 아이들은 여전히 과거 방식으로 공부할 수밖에 없다.

누구나 가능한 지식 생산자

어떤 TV 프로그램에 한 4학년 여자아이가 출연한 적이 있다. 그 아이는 집안의 온갖 물건에 센서를 달아 사물인터넷을 만들었다. 그리고 그것을 스마트폰과 연동시켜 터치 한 번으로 물건을 작동시켰다. 4학년짜리 아이가 만들었다고 믿기 힘들었다. 리포터는 깜짝 놀라며 아이에게 질문했다.

"어떻게 이 모든 것을 혼자 다 할 수 있었나요?"

그 아이는 태연하게 대답했다.

"인터넷에 만드는 방법이 다 나와 있어요. 프로그램 소스도 다 개방돼 있고요."

그 누구나 인터넷을 검색하여 작은 수고만 들이면, 집안을 사물인터넷 환경으로 바꿀 수 있다는 뜻이었다.

이 아이는 어떤 학습자인가. 인터넷의 열린 지식을 소비만 하는 지식 소비자가 아니다. 누구에게나 공개하는 지식과 프로그램을 가져와 자기 방식으로 재창조한 지식의 생산자이자 창조자다. 안타깝게도 우리나라 사람 대부분은 지식의 소비자로 머무는 경우가 많다. 그러나 시대가 요구하는 인재는 이 아이와 같은 지식 생산자다.

스티브 잡스의 창조성은 '편집능력의 창조성'이라고 저널리스트이자 작가인 말콤 글레드웰이 말했다. 스티브 잡스는 여러 물건을 하나로 융합한 전화기에 '아이폰'이라는 이름을 붙였다. 아이폰은 이동통신 기기의 혁명을 이끌었고, 우리의 행동 양식마저 바꾸었다. 그것은 단순한 전화기가 아니었다. 포노 사피엔스라는 신조어가 탄생했듯이, 스마트폰은 우리에게 없어서는 안 될 새로운 친구가 되었다. 스티브 잡스는 인문학적 지식과 과학기술을 융합시킨 창조자였다.

스티브 잡스만 이런 일을 할 수 있는 걸까. 부모 세대에서는 창조력이 특별한 자들의 재능이었을지 모른다. 그러나 미래를 살아갈 아이들은 앞에 소개한 4학년 아이처럼 얼마든지 지식의 창조자가 될 수 있다.

아이들은 크리에이터

인터넷 동영상 공유 사이트 유튜브가 활성화되면서 동영상을 직접 제작하여 유통하는 1인 크리에이터가 점점 늘고 있다. 그야말로 크리에이터 전성시대다. 초기에는 동영상에 관심 있는 소수가 취미로 하는 경우가 많았으나, 지금은 어엿한 고소득 직업군으로 자리잡고 있다. 요즘 초등학생의 장래 희망 1순위는 크리에이터라고 한다.

크리에이터는 유튜브나 페이스북, 아프리카 TV 같은 플랫폼에 채널을 만들고 직접 촬영한 영상을 올려 대중과 공유하고 소통하는 사람이다. 다시 말해 그들은 디지털 콘텐츠 생산자다. 1인 방송은 소재의 제약이 없다. 게임, 요리, 춤, 노래, 미용, 외국어, 연주, 각종 실험 등 자신이 좋아하거나 즐기는 모든 것이 소재가 된다. 그들은 자신의 장점을 살려 끊임없이 콘텐츠를 생산한다.

요즘은 크리에이터의 연령대도 다양하다. '서은 이야기'의 주인공 4살 난 신서은 어린이부터 '영원 씨 TV'의 80세 김영원 씨에 이르기까지 나이와 상관없이 누구나 크리에이터가 될 수 있다.

1인 방송이 지금과 같이 확장된 것은 10대 아이들의 영향이 크다. 어려서부터 스마트 도구를 숨 쉬는 공기와 같이 사용하는 디지털 네이티브는 늘 영상문화를 접하며 성장한 세대다. 그들은 '영상세대'라고 불릴 만큼 다양한 영상 콘텐츠를 찾아내고 만드는 일에 익숙하다. 기성세대의 검색 도구는 네이버나 다음 같은 포털사이트였다. 그러나 10대는 모든 것을 유튜브로 검색한다. 그들에게는 텍스트나 사진보다 영상으로 정보를 받아들이는 것이 자연스럽다.

이렇게 온라인 도구와 디지털 콘텐츠를 자유자재로 이용하며 성장한 아이들은 기성세대와 문화 코드가 완전히 다르다. 기성세대에게 익숙한 TV나 라디오와 같은 미디어는 특정한 누군가가 일방적으로 콘텐츠를 생산하고, 다수의 대중이 그것들을 소비하는 형태이다.

하지만 디지털 세상에 태어난 디지털 네이티브는 TV나 라디오 같은 일방적인 미디어 대신 다양한 SNS, 유튜브, 아프리카 TV 등 실시간 쌍방 소통이 가능한 디지털 매체를 더 선호한다. 그리고 그들은 소비자로만 머물기를 거부하고 자발적으로 생산자가 된다.

"점심시간이나 청소 시간에 교실을 들러보면 쉴 새 없이 영상을 찍고 편집하는 아이들이 있는데, 특별한 장비 없이 스마트폰 앱만으로도 순식간에 뚝딱해낸다." 한 중학교 교사의 말이다. 우리 아이들은 이미 지식과 콘텐츠의 생산자, 크리에이터로 성장하고 있다. 부모만 이 사실을 모르는 것이 아닐까.

디자인 씽킹의 경쟁력

누구나 크리에이터가 가능한 세상에서 경쟁력은 무엇일까. 자신만의 독특하고 차별화된 콘텐츠가 아닐까. 따라서 공부 역시 소비자가 아니라 생산자가 되는 공부를 해야 한다. 지금 세계의 변화를 리드하는 혁신적인 기업에서는 잦은 변화에 대응하기 위해 디자이너의 사고방식, 즉 '디자인 씽킹(Design Thinking)'이 필요하다고 강조하고 있다.

디자인 씽킹은 문제해결에 디자이너가 사고하는 방식을 적용하는 것을 말한다. 디자이너가 사고하는 방식이란 어떤 문제에 공감하고, 정의하고, 아이디어를 짜고, 시제품을 제작하고, 사용자 테스트를 거쳐 실용적이고 기능적으로 해결하는 것을 말한다. 즉, 디자인 씽킹은 이론적인 문제해결 방식이 아닌, 창의적이고 실제적인 문제해결 방식이다.

왜 디지털 네이티브, 신인류는 크리에이터에 열광할까. 바로 디자인 씽킹을 불러일으키는 콘텐츠 때문이 아닐까. 남의 이야기가 아닌 자신의 이야기, 공감 가는 이야기, 실생활에서 일어나지만 독창적인 이야기, 새로운 아이디어로 문제를 해결하는 이야기 등이 그들을 사로잡는 것이다.

그들은 이미 디지털 사회에서 디자인 씽킹이 가능한 아이들로 성장하고 있다. 디자인 씽킹은 혁신의 시대에 가장 필요한 사고이다. 기성세대는 아이들을 틀 속에 가둘 게 아니라, 콘텐츠의 소비와 생산을 통해서 무르익은 디자인 씽킹 능력을 펼치도록 자리를 깔아줘야 한다.

24
Only one, 자기의 개성과 기질을 살리는 것이 공부다

오늘날과 같은 개인 맞춤형 시대에는
유니크한 자질을 키우는 공부가 쓸모 있다.

4차 산업혁명 시대, 제조업의 패러다임이 바뀌고 있다. 최근 삼성전자는 소비자가 제품의 소재와 디자인을 직접 선택할 수 있는 신개념 맞춤형 냉장고 '비스포크'를 업계 최초로 선보여 눈길을 끌고 있다. 맞춤형 냉장고 비스포크는 8개 타입 모델에 3가지 소재, 9가지 색상을 바탕으로 가족 구성원 수, 식습관, 주방 형태에 따라 자유자재로 조합할 수 있다.

그들은 왜 소비자 맞춤형 냉장고를 출시했나

우리는 그동안 어떤 상품이든 제조사에서 일방적으로 만들어 시중에 내놓은 제품을 사용했다. 물론 기업이 '소비자 조사'를 해서 물건을 만든다지만, 소비자의 다양한 취향을 모두 반영할 수는 없는 노릇이다. 따라서 기업이 물건을 기획해서 생산하는 기준은 항상 '대중성'이었다. 그래서 기업이 일반적으로 무난한 제품을 대량으로 생산해 시장에 내놓으면, 소비자는 그 안에서만 선택권을 가진다. 이것은 공장에 기계가 들어오며 시작된 대량생산 체제의 특징이기도 하다. 산업혁명이 진행될수록 소비자의 선택 폭은 점차 넓어지지만, 일정한 틀을 벗어날 수는 없었다. 우리는 그동안 대량생산 체제에서 어느 집에서나 쉽게 만날 수 있는 제품을 이용하며 살아왔다.

그런데 최근 시장에서는 이러한 틀을 깨는 일이 벌어지고 있다. 삼성전자는 생산원가와 수익성의 리스크를 안고 왜 맞춤형 냉장고 비스포크를 내놓았을까. 삼성전자 생활가전사업부 상품기획 담당 상무의 말을 들어보자.

"가전 시장 패러다임이 대량생산에서 주문형으로 바뀌고 있다. 개인의 취향과 라이프스타일을 반영하지 못하는 제품과 기업은 시장에서 도태될 것이다. 밀레니얼 세대를 중심으로 개인화 제품이 대세로 떠오르고 있다. 제조사가 효율만 생각해서 획일적으로 같은 제품을 만들어서는 밀레니얼 세대를 주요 소비계층으로 끌어들일 수 없다."

삼성전자는 앞으로 내놓을 모든 냉장고를 맞춤형으로 출시할 계획이라고 밝혔다. 앞으로 이런 변화가 단지 냉장고에서만 일어날까. 이런 변화는 기업이 원해서 일어나는 게 아니다. 새로운 세상과 달라진 소비자의 욕구 때문에 일어나는 변화이다.

개성이 뚜렷한 밀레니얼 세대의 등장

우리는 오랫동안 대량생산 체제 속에서 획일적으로 살아왔다. 하지만 밀레니얼 세대의 등장과 함께 제조업에 불어 닥친 변화의 바람이 점점 구체화, 가시화되면서 모든 산업구조를 바꾸기 시작했다. 현재 딜로이트 컨설팅전략부문 송기홍 대표는 이런 변화가 일어나게 된 근본적인 원인을 크게 4가지로 꼽았다.

첫째, 소비자의 개성 추구 소비 활동의 증가 때문이다. 우리는 대량생산으로 가격이 낮아진 상품에 만족하며 오랫동안 자신의 개성과 욕구를 포기해 왔다. 그러나 최근 신인류가 등장하여 개

대량생산 시대는 평균과 표준화가 중요했기에 정답을 암기하는 공부가 쓸모 있었다.
그러나 오늘날과 같은 개인 맞춤형 시대에는 유니크한 자질을 키우는 공부가 쓸모 있다.

인주의가 확산되자, 이러한 사회 분위기와 맞물린 개성적 소비가 늘어나고 있다. 이들은 똑같은 스마트폰이나 자동차를 구입해도 자신만의 액세서리로 꾸미거나 튜닝을 해서 남과 달라 보이길 원한다. 그뿐만 아니라 아예 상품의 기획 단계부터 상품이 시장에 나올 때까지의 과정에 참여하는 프로슈머(Prosumer, 생산적 소비자)도 점차 대세로 자리잡고 있다.

둘째, 사물인터넷의 확산에 따른 상품의 스마트화 때문이다. IT 전문가들은 2020년까지 약 260억 종류의 상품에 센서가 부착되고 인터넷에 연결되어 결국 생산자 중심보다 사용자 중심의 가치를 증대시킬 것이라 내다보고 있다. 또 우버와 에어비앤비와 같은 공유경제 스타트업도 소비 행태의 변화에 영향을 미치고 있다.

셋째, 3D프린팅, 정보기술과 생산기술의 접목 등, 생산기술 자체를 혁신하는 4차 산업혁명의 신기술로 소량의 혁신적인 아이디어 상품을 상상하기 힘든 낮은 가격에 만들 수 있게 됐기 때문이다.

넷째, 전자상거래의 성장에 따라 제조사가 기존의 유통방식과 경영방식을 바꾸지 않으면 생존이 점점 어려워지고 있기 때문이다. 다시 말해, 온라인 공간에서 자기의 기호에 맞는 특정 상품과 개별 서비스를 원하는 사람이 자금을 모으고, 아이디어를 구체화하기 쉬워졌기 때문이다.

우리는 신인류의 욕구 변화가 전반적인 산업구조를 바꿔놓는 것을 눈여겨볼 필요가 있다. 이것이 공부의 패러다임 또한 바꾸고 있기 때문이다.

내 아이가 가장 유니크하다

대량생산 산업구조 안에서의 공부는 동일한 지식을 획일적으로 전달받는 것이었다. 누구나 똑같은 지식을 다루었기 때문에,

경쟁력은 전달받은 지식을 누가 더 많이 암기하는가에 달렸다. 이런 구조 속에서 자기만의 차별화된 생각은 크게 주목받지 못했다. 동일한 제품을 대량으로 생산하는 산업구조 사회에서 직업을 가질 것이기 때문이었다.

그런데 어느 날 갑자기 등장한 신인류가 강한 개성을 드러내자 상황은 달라졌다. 이들은 다른 사람과 동일한 것을 재미없게 여기고, 자기만의 유니크함을 추구하기 시작했다. 때마침 4차 산업혁명 시대가 도래하자 기업은 변화한 세상을 따라가기 위해 개인 맞춤형이라는 새로운 전략을 세웠다.

그런데 교육은 어떠한가. 차별화된 아이디어를 키우는, 정답을 암기하는 것이 아니라 유니크한 생각을 키우는 공부를 하고 있는가? 대량생산 시대는 평균과 표준화가 중요했기에 정답을 암기하는 공부가 쓸모 있었다. 그러나 오늘날과 같은 개인 맞춤형 시대에는 유니크한 자질을 키우는 공부가 쓸모 있다.

그런데 이 세상에서 가장 유니크한 아이는 누구일까. 이 세상에 하나밖에 없는 바로 내 아이다. 또한 우리 가정환경은 어떠한가. 지구상에서 유일무이한 가정환경이다. 그렇다면 우리 아이가 세상에서 가장 유니크하게 자라는 것은 쉬운 일 아닐까. 아이의 본성 그대로를 인정하며 키우면, 독창적이면서 경쟁력 있는 아이로 자라게 될 것이다. 이것을 모르고 아이의 개성과 기질을 무시한 채, 대량생산 체제에 맞는 표준화된 아이로 키우려 노력한다면 미래의 경쟁력은 갖추기 힘들 것이다. 표준화된 일은 로봇이 더 잘할 것이기 때문이다.

우리는 이제 전략을 바꾸어야 한다. 내 아이만의 강점을 발견하기 위해 끊임없는 관심과 관찰이 필요하다. 강점이 없는 아이는 없다. 아직 발견하지 못했을 뿐이다. 그러므로 아이만의 강점을 찾아주는 것이 부모의 역할이고, 그것을 특화하기 위한 공부가 진짜 공부일 것이다.

25
생각할 필요가 없어질수록, 생각이 차별성을 갖는다

**이대로 디지털 사회구조에 아이의 뇌를 맡긴다면
생각하는 뇌는 점점 퇴화할 것이다.**

유대인과 한국인의 교육열은 세계적으로 유명하다. 그런데 우리나라 교실에는 없지만 유대인 교실에는 있는 한 가지가 있다. 그것은 바로 "마아따 호셰프?(너의 생각은 뭐니?)"이다. 유대인 교사는 수업 시작부터 끝까지 아이들을 향해 "마아따 호셰프"를 외친다고 한다. 우리나라 교실에는 열심히 듣는 아이들이 있고, 유대인의 교실에는 열심히 생각하는 아이들이 있다.

생각하는 공부

이스라엘에는 탈무드를 학습하고 유대인의 가치를 연구하는 '예시바'라는 도서관이 있다. 그런데 예시바에는 우리 도서관에는 없는 것이 있다.

우리의 도서관 풍경을 떠올려보자. 도서관은 혼자서 조용히 책을 읽거나 공부하는 곳이다. 조그만 소리라도 타인에게 방해가 될까 숨소리조차 죽이는 곳이다. 중·고등학생이 많이 이용하는 도서관에는 열람실에 칸막이까지 있다.

그런데 예시바에서는 아무도 혼자 조용히 공부하거나 책을 읽는 사람이 없다. 그곳은 도서관이지만, 시끌벅적한 전통시장과 같다. 수백 명이 도서관에 모여 둘씩 짝을 지어 마치 싸움이라도 하듯 큰 소리로 질문하고 대답하며 토론을 벌이기 때문이다.

유대인과 한국인은 오늘날 세계적으로 인정받는 우수한 두뇌와 교육열을 지녔지만, 성과에서 큰 차이가 난다. 이처럼 각종 분야에서 두각을 나타내는 유대인과 그렇지 못한 한국인의 차이는 바로 '생각하는 공부'의 유무에 있다.

자기 생각이 없는 답안지는 빵점

일본에서 주재원으로 근무하다가 프랑스 주재원으로 파견되어 프랑스로 이주한 한 가정이 있었다. 그 가정에는 초등학생 자녀가 있었다. 자녀는 프랑스 학교에 입학했다. 어느 날 역사 시험을 치렀는데 빵점짜리 시험지를 들고 왔다. 이에 놀란 엄마는 황급히 아이가 들고 온 시험지를 확인했다. 엄마가 보기에 아이의 답안지는 너무나 완벽했다. 엄마는 화가 나서 시험지를 들고 학교 선생님을 찾아가서 항의했다.

"이 답안지를 보세요. 완벽해요. 그런데 왜 빵점인가요?"

"어머님, 이 아이의 답안지에는 자기 생각이 전혀 없어요. 역사 시험에 자기 생각이 없는 답안지에는 점수를 줄 수 없습니다."

우리의 상식으로는 이해가 안 갈지도 모른다. '역사는 사실을 다루는 과목인데, 어떻게 자기 생각이 들어갈 수 있는가'라고 생각할 수도 있다. 물론 역사가 사실을 다루는 것은 맞다. 그러나 역사적 사실을 바라보는 관점은 보는 사람에 따라 다를 수 있다. 프랑스에서는 역사적 사실을 있는 그대로 수용하는 것이 아니라, 비판적인 시각으로 들여다 보고 분석하여 자기의 생각으로 발전시키는 공부를 역사 공부라고 보고 있는 것이다.

프랑스는 17~18세기에 상류층 귀족 부인들이 문화예술계 인사들을 집으로 초대해 자유롭게 대화하고 토론하며 어울리던 '살롱(Salon)' 문화가 매우 활발했다. 신분제도가 존재했던 시기였으나 당시 살롱에서는 남녀노소, 신분, 지위와 상관없이 평등하게 대화하고 토론하고 어울렸다. 살롱에서는 남성이든 여성이든, 누가 지위가 높은지, 누가 돈이 많은지 관계없이 누구 취향이 더 세련되고 멋진지, 누가 더 매력적인 남다른 사고를 하는지를 중요하게 여겼다. 덕분에 살롱은 단순한 사교 공간을 넘어 프랑스 문화예술의 산실이 되었다.

프랑스 국민은 지적 자긍심이 매우 높다. 이는 이미 오래 전부터 이어져 오는 토론을 즐기는 문화, 생각을 즐기는 문화에서 비롯되었다고 볼 수 있다.

그렇다면 우리나라는 어떠한가. 우리는 생각하고 토론하는 문화가 전혀 없었나? 그렇지 않다. 물론 과거의 교육은 왕과 양반이라는 특수층의 전유물이었지만, 그렇다 해도 그들의 공부는 단순 암기를 뛰어넘는 생각하는 공부였다. 조선 시대 세자와 왕의 교육과정에는 유교 경전과 역사서를 읽고 토론하는 서연(書筵)과 경연(經筵)이 있었다. 또 양반들이 관직으로 나가기 위한 통로였던 과거(科擧)는 객관식 시험이 아니라 하나의 주제를 정해주면, 시(詩)를 짓는 것이었다.

조선왕조 오백 년 역사의 밑바탕에는 이처럼 생각하고 나누는 공부가 있었다. 이제라도 우리가 각성하고 새로운 전략을 짜야 한다. 정답을 좇는 우리나라 교육, 생각을 좇는 프랑스나 유대인의 교육. 교육의 미래는 어디에 있다고 생각하는가?

뇌 구조가 바뀌고 있다

기술의 진보는 사람에게 더없는 편리함을 가져다주었다. 이는 디지털 시대를 사는 현대인이 과거보다 '생각'할 필요를 느끼지 않는다는 얘기이기도 하다. 그도 그럴 것이, 모든 지식과 정보는 인터넷 검색으로 습득할 수 있고, 집안의 전자기기는 음성 명령만으로도 작동하기 때문이다. 우리는 이제 생각을 많이 안 해도 큰 불편함 없이 살아갈 수 있게 되었다. 우리를 복잡한 생각에서 해방시켜 준 과학기술이 우리의 역할을 대체하고 있기 때문이다.

인간의 뇌는 '가소성'을 가지고 있다. 뇌의 신경가소성은 인간의 두뇌가 경험을 통해 변화하는 능력을 말한다. 즉, 우리는 태어날 때부터 고정된 뇌를 사용하며 사는 것이 아니라, 새로운 경험을 할 때마다 달라지는 뇌를 사용하며 산다는 의미이다.

우리가 생각하지 않고 터치와 음성만으로 문제를 해결하는 삶을 반복하면, 뇌는 거기에 맞게 순응하고 변화한다. 뇌의 효과적인 작동을 위해 우리가 쓰지 않는, '생각하지 않는 뇌'를 퇴출할 것이다. 전화번호를 저장할 수 있는 핸드폰의 출현으로 전화번호를 더는 외울 필요가 없어지는 것과 마찬가지다.

이처럼 디지털 세상의 편리함을 누리는 것은 자기도 모르게 뇌의 구조를 바꾸고 있는 것과 같다. 이런 식으로 시간이 흐르면, 다음에는 생각하고자 해도 예전만큼 생각의 깊이가 깊어질 수 없을 것이다. 뇌가 이미 구조를 바꿔버렸기 때문이다.

그렇다면 디지털 네이티브로 태어난 우리 아이들은 어떨까. 태어나면서부터 생각보다 자동화에 익숙한 아이들이다. 이대로 디지털 사회구조에 아이의 뇌를 맡긴다면 생각하는 뇌는 점점 퇴화할 것이다. 따라서 아이들의 뇌를 생각하는 뇌로 바꾸기 위해서는 의도적으로라도 생각의 도구를 쥐어줘야 한다. 그래야 생각의 뇌를 키우고 강화해 차별화된 경쟁력을 갖추게 된다. 이것이 점점 생각할 필요가 없어지는 세상에서 역설적이게도 생각이 경쟁력이라고 외치고 있는 이유이다.

이제 신인류 디지털 네이티브에게 공부는 '생각' 그 자체임을 명심해야 한다.

5부
알고 있어야 한다

무엇으로 미래 경쟁력을 키울 것인가?

배움은 생각에서 시작되고, 생각은 의심에서 기원한다.

– 진헌장 陳獻章

26
끊임없이 읽고 생각하기

읽고 이해하는 힘은 결국 생각하는 힘, 공감과 소통의 힘,
세상을 살아가는 지혜와 통찰력을 기르는 힘이다

끊임없는 변화 속에서도 변하지 않는 기본원칙은 항상 존재한다. 동서고금을 막론하고, 특별한 경쟁력을 갖춘 사람들이나 창의적인 사람들, 그리고 세상의 리더들은 항상 읽고 이해하는 힘을 갖춘 사람이었다.

읽고 이해하는 힘은 결국 생각하는 힘, 공감과 소통의 힘, 세상을 살아가는 지혜와 통찰력을 기르는 힘이다. 이처럼 세상을 살아가는 데 가장 기본이 되는 것을 무시한 채 다른 곳에서 경쟁력을 찾는 것은, 기초체력이 없는 운동선수가 고급 기술을 익히려는 것과 같다. 이런 운동선수는 절대 오래 버틸 수가 없다.

읽고 이해하는 힘은 학생에게는 공부의 기초체력이고, 어른에게는 인생살이의 기초체력이며, 직장인에게는 직무수행의 기초체력이다. 그런데도 우리는 읽고 이해하는 힘을 너무 가볍게 생각하거나 단기간에 기술적으로만 습득하려고 한다. 그래서 진정한 읽기의 힘을 기르지 못하고, 그 때문에 효과를 보는 사람도 많지 않다.

사람은 본능적으로 지적 호기심을 갖고 있다. 지적 호기심을 자극하고 채우는 가장 손쉬운 도구가 책이다. 따라서 책으로 지적 호기심을 충족해 본 사람은 계속해서 책을 찾을 수밖에 없다. 이렇게 읽고, 또 읽는 동안 자신만의 경쟁력을 기를 수 있는 기초체력이 쌓인다.

세상이 아무리 빨리 변해도 끊임없이 읽는 사람은 책으로 세상의 변화를 감지한다. 그래서 변화하는 세상을 예측하고 준비할 수 있다.

지금은 하나의 직업을 갖기 위해 준비하는 시대가 아니다. 변화하는 세상에 맞게 그때그때 필요한 능력을 지속해서, 그리고 스스로 업그레이드해야 한다. 따라서 학령기의 아이들은 단편적인 지식을 습득하기보다는 세상과 지식을 다룰 힘을 먼저 키워야 한다. 그 힘을 기르도록 해주는 게 읽기이다. 그러므로 부모는 아이가 어릴 때부터 텍스트에 관심을 가지도록 적절한 환경을 제공해야 한다.

또 하나 알아둬야 할 것은 부모 세대에게 읽기 매체는 책이 유일했으나, 디지털 네이티브에게는 책뿐만 아니라 다양한 디지털 읽기 매체가 있다는 것이다. 아이가 디지털 매체에 너무 빠져 있다고 걱정하기보다는 올바른 읽기를 할 수 있도록 도와줘야 한다. 그래야 디지털 도구를 소비만 하지 않고 자기만의 콘텐츠를 생산하는 생산자가 될 수 있다.

빈익빈 부익부, 점차 벌어지는 읽기 능력

어려서부터 자연스럽게 읽기 환경에 노출된 아이는 읽기 능력, 즉 읽고 사고하는 힘이 점점 발달한다. 그 속에서 생각의 그릇이 커지고, 자신이 읽은 재료를 통해 문제해결능력을 갖추며, 자신만의 독창성도 생긴다. 이것은 하루아침에 얻어지는 능력이 아니다. 또한 어릴 때 수많은 책을 읽는다고 해서 되는 것도 아니다. 읽기 능력에는 단계가 있다. 사고가 발달함에 따라 책의 난이도를 조절해가며 지속해서 읽을 때 읽기 능력이 발달한다.

아이들이 초등 저학년 무렵까지 주로 읽는 동화책 수준에서의 읽기 목표는 부모의 생각만큼 그렇게 높지 않다. 동화 읽기는 읽기의 즐거움을 알고, 표면적인 읽기와 단순 맥락 읽기를 연습하는 정도면 충분하다. 이때는 초등 3학년 이상 본격적인 텍스트를 읽기 위한 준비운동 단계 정도로 생각해야 한다.

읽기의 기초 단계인 표면적인 읽기와 맥락적 읽기 단계가 완성되면, 좀 더 깊이 읽는 단계인 분석적 독서와 적용 독서, 그리고 자기 생각으로 바꿔보는 창조적인 독서로까지 발전해야 한다. 그런데 많은 부모가 표면적인 독서 수준에 머물러 있는 아이들을 읽기 능력이 완성되었다고 판단해서 읽기를 멈추는 오류를 범하고 있다. 또한, 책 읽기를 단순히 학교 공부를 잘하기 위한 도구로만 여기는 부모는 적당한 시점이 오면 책 대신 문제집을 손에 들려주게 된다. 이런 방식으로는 읽고 이해하는 힘을 기를 수 없다.

이런 아이는 학년이 올라가도 읽기 수준은 늘 제자리에 머물게 된다. 그러므로 텍스트를 깊이 읽고 심층적으로 이해하는 사고가 필요한 단계가 오면, 공부에 흥미가 떨어져 공부를 노동으로 생각하게 된다. 이런데도 정답만을 외우는 공부를 강요하고 있으니 어떻게 공부를 잘할 수 있으며, 무엇으로 21세기의 경쟁력을 갖출 수 있겠는가.

반면에 순차적으로 책 읽기 단계를 쌓아간 아이들은 표면적인 읽기에서부터 창조적인 읽기까지, 읽기의 전 단계를 오가며 책의 내용을 자신의 것으로 만들고, 거기에서 더 나아가 자신만의 생각을 갖추게 된다. 이쯤 되면 누가 읽으라고 시키지 않아도 책이 재미있어서 손에서 책을 떼지 않게 된다. 그런 아이들은 교과서를 읽어도, 디지털 텍스트를 읽어도 쉽게 이해하고 자신의 것으로 만든다. 이때부터는 읽을 수 있는 아이와 읽어도 그 의미를 제대로 파악하지 못하는 아이의 빈익빈 부익부 현상이 분명히 나타난다. 누가 공부를 잘할지, 그리고 누가 삶의 경쟁력을 갖출지는 불 보듯 빤하다. 읽기 능력만 제대로 길러놔도 나머지는 그 힘을 이용하여 스스로 헤쳐나갈 수 있음을 부모가 안다면 어찌 독서를 가볍게 여길 수 있을까.

인공지능 시대에 더욱 경쟁력을 발휘하는 독서의 목표는 배경지식을 습득하고 어휘력을 확장하는 데에만 있지 않다. 책은 인공지능 시대에 가장 필요한 논리적 사고와 비판적 사고를 기르기에 적합한 도구다. 그리고 타인과 공감하고 소통하는 방법, 자기 생각을 스토리텔링으로 전달하는 연습을 할 수 있는 가장 좋은 도구다. 책으로 얻은 논리적 사고력과 비판적 사고력은 출처가 불분명한 인터넷 정보를 구분하고 활용하는 능력으로 사용된다. 이

것이 21세기에 반드시 읽는 힘을 길러야 할 이유다.

읽기 능력을 키울 수 있느냐 없느냐는 독서환경과 독서에 관한 부모의 철학에 좌우된다. 이 두 가지가 확립되지 않으면, 평생 읽는 아이로 키우기는 쉽지 않다. 평생 읽는 아이가 된다는 것은, 평생 차별화된 무기로 어려움을 헤쳐나갈 수 있다는 말이다. 읽기의 힘은 생각보다 훨씬 크다는 것을 명심했으면 한다.

27
당돌하게 의심해 보고 질문하기

다른 질문을 하면 다른 생각이 나온다.
당연한 것을 부정하는 질문을 하면 독창적인 생각이 나온다.

"주차 위반을 하면 사형에 처하는 법률을 제정했더니 아무도 주차 위반을 하지 않게 되었다. 이것은 적절한 법률이라고 할 수 있을까?"

이 질문은 2011년 옥스퍼드 대학의 입시문제(구술)였다. 옥스퍼드 대학의 입시 면접은 난도가 높기로 유명하다. 옥스퍼드에서는 시험성적보다는 이와 같은 면접을 더 비중 있게 다루고 있다.

여러분은 혹시 이 질문을 읽으면서 머릿속에서 무슨 일이 일어나는지 느꼈는가. 혹시 느끼지 못했다면 다시 한 번 천천히 읽어보라. 사람은 그 누구라도 질문을 받으면 머리에서 '생각'이라는 활동이 일어난다. 이것은 사람의 본능이다.

생각 연습

《4차 산업혁명 교육이 희망이다》의 류태호 저자는 유럽이 세계의 4차 산업혁명을 리드하고 있는 이유를 '교육 차이'에서 찾고 있다. 이것은 앞서 하버드나 옥스퍼드, 그리고 프랑스 공부 문화에서 살펴보았듯이, 지식전달 중심 교육보다는 지식을 자신의 것으로 만드는 생각 공부, 질문과 토론 공부가 세상을 이끄는 토대가 되고 있다는 것이다.

이제 교육의 중심에는 지식과 정보가 아닌, 생각이 있어야 한다. 세계적으로 알려진 명문 학교가 처음부터 명문 학교는 아니었을 것이다. 다른 학교와 차별된 공부 방법이 있었기에 명문 학교가 된 것이다.

2012년 하버드 대학 로스쿨 입시에서 '당신 자신에 관해 쓰시오'라는 문제가 출제되었다. '이게 하버드 로스쿨 입시 문제야?'라고 생각하는 독자도 있을 것이다. 그러나 '나'에 관해 평소에 깊이 성찰해 본 사람이 아니라면 좋은 답을 쓰기가 쉽지 않은 문제이다. 스펙과 같은 겉으로 보이는 나에 관해 서술하라는 문제가 아니다. 나는 어떤 생각과 가치관을 가진 사람인지, 인생관은 무엇인지, 나에게 소중한 것은 무엇인지, 그 이유는 무엇인지 등을 서술하며 왜 법을 공부하려고 하는지를 끌어내야 하는 문제이다.

나에 관한 것은 나 자신이 가장 잘 알고 있을 것 같지만, 평소에 나에 관해 깊이 생각해 보지 않으면 잘 알기 어려우며, 글로 표현하기는 더욱 어렵다. 아주 단순한 것도 평소에 생각 연습을 하지 않으면 나올 것이 별로 없음을 알아야 한다.

생각은 질문으로부터 시작된다

생각은 어디에서 올까? 하버드 로스쿨 입시문제를 보며 여러분은 아마도 자신에 관해 잠시라도 생각해 보았을 것이다. 왜냐하면 질문을 받았기 때문이다. 이처럼 생각은 질문에서 비롯된다. 질문은 본능적으로 생각을 자극한다. 따라서 외부적으로나 내면적으로나 생각을 자극하는 질문을 자주 하는 사람은 생각의 그릇이 커질 수밖에 없다. 이것이 자녀와 함께하는 질문과 대화를 일상으로 끌고 와야 하는 이유이다.

예를 들어보자. 요즘 반려동물을 키우는 사람이 많다. 반려동물을 사랑으로 키우는 환경에서 자라는 아이들은 반려동물에게 친근감을 느끼며 생활한다. 친근하고 관심이 많다 보니 자기 집에서 함께 생활하는 강아지나 고양이 혹은 새에 관한 지식이나 정보가 많을 것이다. 그렇다면 아이에게 이런 질문을 던져 보라.

"왜 버려지는 반려동물의 수가 늘어날까?"

반려견에 관한 배경지식은 풍부하더라도 평소 유기동물에 관해 진지하게 생각해 보지 않았다면 대답이 쉬울까?

지식을 지식으로 끝내지 않으려면 질문을 던져야 한다. 특히 우리 주변의 문제에 관해 질문하고 답해보면서 아이의 가치관이 바로 서게 된다. 그러므로 지식을 습득할 때, 습관적으로 지식과 연관된 사회적 이슈를 질문해 보라. 그리고 아이의 생각을 들어주고 대화해 보자. 아이는 지식을 활용하고, 생각을 확장하는 훈련으로 자기만의 생각을 갖게 될 것이다. 이런 아이가 미래 사회의 리더가 된다.

"백설 공주는 정말로 왕자와 행복한 삶을 살았을까?"

"심청이 행동이 진짜 효녀의 행동일까?"

"콜럼버스는 신대륙의 발견자일까? 아니면 원주민의 생활 터전을 파괴한 파괴자일까?"

"왜?"

글자만 읽지 마라. 글을 읽어도 의미를 모르면, 읽지 않은 것과 같다. 읽기만 하고 생각하지 않으면 로봇과 다름없다. 게다가 '다 안다'라는 착각에 빠진다. 그런 함정에 빠지지 않으려면 질문해야 한다. 질문하며 생각하는 읽기를 해야 독서 효과를 볼 수 있다. 다른 질문을 하면 다른 생각이 나온다. 당연한 것을 부정하는 질문을 하면 독창적인 생각이 나온다. '왜?'라고 질문하면 본질을 찾아가는 깊은 생각으로 이어진다.

당돌한 '왜'를 받아들이자

우리는 '왜?'라고 묻기를 꺼린다. '왜'는 상대에게 저항하고 따진다는 인상을 준다고 생각하기 때문이다. 그 대상이 권위를 가진 교사, 부모, 직장상사라면 더욱더 그렇다. 그게 예의라고 여긴다. 하지만 이제는 상대에 대한 예의는 갖추되, 무조건 수용하기보다는 당돌하게 '왜?'라고 질문하는 아이로 키워야 한다. 그리고 부모와 사회는 이런 아이를 당돌하게만 보지 말고, 당돌함에서 성장 가능성을 봐야 한다. 이런 아이가 사물의 본질을 탐구하고 비판적인 사고를 키워 창의적 인재로 자라나기 때문이다.

"네 생각은 어떠니?"

"왜 그렇게 생각했니?"

일상에서 아이의 생각을 자주 물어보고 조용히 들어주자. 지금은 두서없고 어설프게 말하더라도, 질문하고 들어주는 부모로 인해 아이의 생각은 깊어지고 논리력은 점점 커진다.

부모의 생각만을 앞세워 지시 일변도라면 아이의 생각은 정지되고 수용적인 뇌만 발달할 것이다. "사냥꾼은 백설 공주를 왜 살려줬을까?"와 같은 상황을 다르게 보도록 이끄는 질문이 추론 능력과 분석적이고 창의적인 사고 능력을 자라게 한다.

부모가 아이에게 질문을 자주 하면, 아이도 자기 자신에게 질문하게 된다. 질문에 대한 답은 중요하지 않다. 부모와 대화를 주고받는 행위 자체가 생각하는 교육이다.

유대인 부모는 학교에서 돌아온 아이에게 "오늘은 무슨 질문을 하고 왔니?"라고 묻는다고 한다. 그만큼 유대인 아이들은 끊임없이 질문하고 적극적으로 대화하도록 교육받아, 평생 그렇게 질문하며 살아간다. 이것이 그들만의 창의성과 경쟁력이라면 우리 문화도 바꿀 필요가 있지 않을까. 질문하는 문화가 사회 곳곳으로 퍼져야, 사람들이 거리낌 없이 질문하고 그 속에서 생각이 자란다.

28
강점을 더 강하게

이 순간 아이의 장점을 몇 가지나 말할 수 있을까.
내 아이임에도 어쩌면 남보다 더 모르지는 않을까.

세상을 살아가는 데 있어 경쟁력을 갖추는 가장 좋은 방법은 내 안에 있는 강점을 찾아내는 것이다. 그리고 그 강점을 평생 최대한 개발하고 이용하여 삶을 디자인하는 것이다. 자신만이 잘할 수 있는 것을 개발해서 직업으로 삼는다는 것은 행운이며 행복이다.

따라서 부모는 아이의 성장 과정에서 내 아이의 강점이 무엇인지 찾아줘야 할 의무가 있다. 아이는 어리기 때문에 자신에 관해 잘 알지 못한다. 하지만 뱃속에서부터 성장하는 과정을 지켜 본 부모는 노력 여하에 따라 아이의 강점을 발견할 수 있다. 따라서 교육은 부모 기준으로 부모가 원하는 교육을 하는 것이 아니라, 먼저 아이의 강점을 찾고 아이를 중심에 둔 교육이 이루어져야 한다.

사람은 공부를 하든지 일을 하든지 자신이 잘할 수 있는 것을 할 때 자신감이 생겨 즐거움을 느끼고 성과도 두 배로 올라간다. 못하는 것을 억지로 할 때는 피곤함이 두 배로 늘어나고 결과도 신통치 않다. 우리는 경험적으로 이런 사실을 잘 알고 있다.

아이들도 마찬가지다. 부모의 욕심으로 이것저것을 가르친다고 될 일이 아니다. 지속해서 아이를 관찰하여 아이의 강점이 무엇인지 발견하려고 노력해야 한다. 아이가 좋아하고, 잘하는 것이 무엇인지 함께 대화해 보고 그에 맞는 환경을 제공해 줄 때, 진정한 교육이 이루어진다.

누구에게나 있는 달란트

성경에서 '달란트'를 이용해 깨우침을 주는 이야기는 우리에게 많이 알려져 있다. 달란트는 돈의 단위뿐만 아니라 타고난 재능이나 능력을 나타내는 말로 사용하고 있다. 즉, 달란트는 강점을 이르는 말이다.

"또 어떤 사람이 타국에 갈 제 그 종들을 불러 자기 소유를 맡김과 같으니, 각각 그 재능대로 하나에게는 금 다섯 달란트를, 하나에게는 두 달란트를, 하나에게는 한 달란트를 주고 떠났더니."

"다섯 달란트를 받은 자는 바로 가서 그것으로 장사하여 또 다섯 달란트를 남기고, 두 달란트 받은 자도 그같이 하여 또 두 달란트를 남겼으되, 한 달란트 받은 자는 가서 땅을 파고 그 주인의 돈을 감추어 두었더니."

성경 구절에 따르면 하느님은 우리 모두에게 재능을 부여해 주셨다. 개인의 역량에 맞게 다섯 달란트, 두 달란트, 한 달란트로 차등을 두기는 했지만, 누구에게나 다 달란트를 주셨다.

강점이 없는 아이는 단 하나도 없다. 다만 찾아내지 못할 뿐이다. 그런데 강점을 발견해도 사용하는 자와 사용하지 않는 자가 있다. 다섯 달란트를 받은 자와 두 달란트를 받은 자는 최선을 다해 자기의 재능을 계발하여 원래 하느님이 주신 것보다 두 배의 성과를 냈다. 하지만 한 달란트를 받은 자는 땅에 묻고 감추어 두고 사용하지 않았다.

아이의 강점이 있어도 그와 상관없이 외적 조건을 갖추기 위한, 부모가 원하는 공부를 하는 경우가 많다. 이것은 한 달란트를 받은 자가 그것을 감추어 두고 사용하지 않은 것과 같다. 자신만의 강점이 있어도 그것을 개발하지 못하고, 사용하지 않는다면 천부적인 재능이 무슨 소용인가. 타고난 재능은 부모가 제공하는 환경 그리고 부모의 교육 철학에 따라 두 배로 성장할 수도 있고, 아예 빛을 못 볼 수도 있다.

성경 이야기에서 달란트를 두 배로 늘린 종은 주인에게 칭찬받았지만, 달란트를 감추어 두고 사용하지 않은 종은 꾸짖음을 당했다. 사용하라고 주신 재능이니 더 계발해야 현명한 게 아닐까.

약점 보완 대신 강점 강화

스티븐 스필버그는 어린 시절 조용하고 소심한 아이였다. 컴퓨터 엔지니어인 아버지 때문에 자주 이사했고, 그 때문에 학교생활에 잘 적응하지 못했다. 또 중·고등학교를 다닐 때는 학교에서 유일한 유대인이라는 이유로 따돌림을 자주 당했다. 이런 아이가 학교에 흥미를 느낄 수 없는 것은 당연한 일이다. 그런데 그런 그에게는 엉뚱한 호기심이 많았다.

트랜지스터로 라디오와 전자계산기를 만들 수 있다는 말을 듣고 자신에게도 라디오와 전자계산기 같은 신기한 능력이 생길 수 있다고 생각한 스필버그는 트랜지스터를 먹어버렸다. 놀란 부모가 서둘러 의사를 불러서 겨우 그것을 토해낼 수 있었다.

보통의 부모는 아이가 이런 엉뚱한 사건을 저지르면 말썽꾸러기로 여기고 많은 제재를 가한다. 그런데 스필버그의 부모는 이런 아들에게 남다른 상상력이 있다는 것을 눈치챘다. 그리고 혼내기보다는 강점을 살려주고자 했다. 이런 부모 덕분에 스필버그는 12살 생일에 부모로부터 8㎜ 무비 카메라를 선물로 받았고, 이것을 계기로 영화감독의 꿈을 키워 세계적인 감독이 되었다.

스필버그가 우리나라에서 태어났더라면 세계적인 감독이 되는 것이 가능했을까. 아무리 훌륭한 재능이 있더라도 그것을 계발할 기회를 만나지 못하면, 재능은 사라지고 만다. 안타깝게도 우리나라 대부분의 부모는 자녀의 재능보다 학교 공부를 우선한다. 그래서 자녀의 강점을 찾아서 강화해 주기보다는, 약점을 보완하려는 노력을 더 기울인다. 기성세대는 평균이 중요하던 시절에 학창 생활을 했기 때문이다. 그때는 잘하는 과목을 좀 더 잘하기보다는 부족한 과목을 보충하여 평균을 끌어올리는 것이 중요했다.

그러나 세상이 바뀌었다. 한 아이의 엉뚱한 상상력으로 만든 영화가 누적 흥행수익 100억 달러를 넘어섰다. 이제는 누구나 언제든지 손에 넣을 수 있는 지식이 중요한 게 아니다. 내 아이만의 강점을 찾자. 지금, 이 순간 아이의 장점을 몇 가지나 말 할 수 있을까. 내 아이임에도 어쩌면 남보다 더 모르지는 않을까.

엄마가 찾아낸 아이의 장점 50가지와 아빠가 찾아낸 아이의 장점 50가지를 나열해 보라. 그리고 아이 스스로 장점 50가지를 나열해 보게 하자. 이렇게만 해도 아이에게서 수많은 장점을 찾아낼 수 있다. 좀 더 객관적인 평가를 원한다면, 지인에게 부탁해도 좋다.

이렇게 강점을 찾고 나면 그것을 감추지 말고 드러내서 두 배, 세 배가 될 수 있도록 적극적으로 지원해 보자. 그것이 바로 내 아이만의 경쟁력이 될 것이다. 아이는 세상이 어떻게 변해도 자기의 강점을 이용하여 행복한 삶을 살 게 될 것이다.

29
가치가 올라가는 능력, 가치가 떨어지는 능력

4C스킬이란 협업, 소통, 비판적인 사고력, 창의성이다. 우리나라 공교육은 이 4C스킬을 평가하기 위해 과정 평가나 관찰 평가를 도입했다.

4차 산업혁명은 2016년 스위스 다보스에서 열린 세계경제포럼에서 최초로 의제가 되었다. 그 이후 우리는 급격한 기술의 진보에 대한 기대보다는 위기의식을 더 많이 느끼는 것 같다. 특히, 많은 일자리가 사라질 것이라는 전망은 우리의 마음을 어둡게 한다.

지금 초등학생인 아이는 부모세대가 듣지도 보지도 못한 분야에서 일할 것이라는 예측도 우리를 당황하게 만든다. 부모들은 이런 예측을 들으면, 아이에게 무엇을 가르치고 배우게 해야 하나 걱정이 앞서기 때문이다.

가치가 떨어지는 능력 10가지

지금 우리는 세상의 기준이 바뀌는 교차점에서 살고 있다. 그러다 보니 사실 헷갈리는 게 많다. 교육 분야도 마찬가지다. 그동안 해왔던 방법은 더는 통하지 않는다며, 이제는 다르게 가르쳐야 한다고 말한다. 이런 상황에서 정부와 학교에만 의지할 수는 없다. 공교육도 시대의 흐름에 맞게 다방면으로 변화를 시도하고 있지만, 속도가 더딜 수밖에 없다. 공교육이 따라가지 못하는 부분은 부모가 보충하고 챙겨야 한다. 그러려면 부모가 먼저 4차 산업혁명 시대가 인간에게 요구하는 가치가 무엇인지 정확히 이해하고 있어야 한다.

세계경제포럼에서는 다가오는 2020년에 가치가 떨어지는 역량과 가치가 올라가는 역량을 제시한 바 있다. 우선 가치가 떨어지는 능력은 다음과 같다.

1. 손재주, 지구력과 정확성
2. 기억력, 언어능력, 청력, 공간지각력

3. 재무관리, 자원관리

4. 기술설치와 유지보수

5. 읽기, 쓰기, 수학, 능동적 청취

6. 인사관리

7. 품질관리, 안전관리

8. 조정, 시간관리

9. 시각, 청각, 연설능력

10. 기술이용, 모니터링, 조종

이처럼 가치가 떨어지는 능력을 살펴보면 20세기에 경쟁력 있던 기술적 능력임을 알 수 있다. 특히 기술 관련 능력은 우리나라의 주요 강점이었다. 하지만 자동화 시스템이 산업 전반으로 확장된 오늘날은 대부분 가치가 떨어지는 능력이 됐다.

과거 유행했던 웅변학원을 기억할 것이다. 자기 생각과 의견이 아니라 정해진 원고를 달달 외워 주장하는 기술을 가르쳤다. 원고의 내용보다는 성량, 몸짓 등 외적인 것을 중요하게 여겼다. 지금은 이런 식의 언어능력은 가치가 떨어지고 있다. 또한, 표면적인 읽기나 쓰기, 산수, 셈하기 역시 가치가 떨어지는 능력이다. 혹시 우리 아이가 여기에 포커스를 맞춘 공부를 하고 있다면, 다시 생각해 볼 일이다.

가치가 올라가는 능력 10가지

그럼 가치가 올라가는 능력은 무엇일까.

1. 분석적 사고와 혁신
2. 능동적 학습과 학습전략
3. 창의성, 독창성, 추진력
4. 기술 디자인과 프로그래밍
5. 비판적 사고와 분석
6. 복잡 문제 해결 능력
7. 리더십과 사회적 영향력
8. 감정지능
9. 추론, 문제해결과 추상화
10. 시스템 분석과 평가

가치가 올라가는 능력은 인간이 비교우위에 있는 능력이다. 시스템이 기술적인 것을 해결할 때, 인간은 뇌를 사용하여 분석, 추론할 수 있어야 한다. 그리고 옳고 그름을 분별하는 비판적인 사고로 복잡하게 얽힌 문제를 해결해야 한다. 시스템이 세팅된 알고리즘을 실현할 때 인간은 상상력과 창의성을 발휘해야 한다. 또한, 인간만이 가진 공감 능력과 감성을 더 발달시켜야 하며, 이를 이용하여 리더십을 발휘할 수 있는 사람은 가치가 올라간다. 다시 말해, 기술력보다는 디자인하는 능력을 갖춘 사람, 온·오프라인 커뮤니티 안에서 다양한 사람과 연결되어 소통할 수 있는 사람, 그리고 그들에게 사회적 영향력을 발휘할 수 있는 사람이 경쟁력을 지닌 사람이다.

이제는 좋은 인성이 능력이요, 경쟁력이다. 이것은 어려서부터 장기적으로 길러지는 능력이기 때문에 부모의 역할이 무엇보다 중요하다.

세계경제포럼에서 제시한 소프트 스킬은 우리나라 창의융합교육의 목표 4C스킬과 맥락을 같이 한다. 4C스킬이란 협업(cooperation), 소통(communication), 비판적인 사고력(critical thinking), 창의성(creativity)이다. 우리나라 공교육은 이 4C스킬을 평가하기 위해 과정 평가나 관찰 평가를 도입했다.

《최고의 교육》의 저자 로베르타 골린코프(Roberta M. Golinkoff)와 캐시 허시-파섹(Kathy Hirsh-Pasek)은 여기에 자신감(confidence)과 콘텐츠(contents)를 더해 6C스킬을 21세기의 역량으로 정의했다. 이와 같이 앞으로 필요한 공부는 하드 스킬을 기르는 것이 아니라 소프트 스킬을 기르는 것이 될 수밖에 없다. 따라서 소프트 스킬을 어떻게 강화할 것인가를 고민해야 한다.

소프트 스킬은 암기력보다는 고차원적인 사고력을 요구한다.

그리고 여기에 감성과 인성이 더해져야 한다. 이러한 역량은 문제집보다는 책으로, 학교와 학원보다는 부모가 더 잘 길러줄 수 있다.

그리고 놀이 등 다양한 활동으로 경험을 쌓고, 여러 사람과 소통하고 나누며 문제해결을 하는 리더십 등의 역량을 기르는 것도 중요하다. 이처럼 21세기에 가치가 올라가는 역량이 무엇인지 이해했다면, 이에 맞는 전략을 세워보도록 하자.

30
이기려 하지 말고, 남과 다르게

**아이가 심심할 때가 바로 자기의 개성과 독창성을 드러내는 때다.
부모는 이 시간을 허용하고 기다려 줘야 한다.**

우리는 오랫동안 정답이 통하는 사회에서 살아왔다. 공장에서는 대량의 제품을 동일한 방식으로 생산하고, 사무관리 부분에서는 예측 가능한 문제를 매뉴얼대로 진행하면 문제가 없었다. 또한, 오랫동안 사회 각 분야에서 전반적으로 윗세대에게 일어났던 일이 반복되어 일어났다. 이런 사회에서 독창적으로 문제를 해결하는 것은 중요하지 않았다. 부모가 자신을 키웠던 방식으로 자녀를 키워도 잘 자랐고, 상사가 시키는 대로 하면 승진이 보장되었다. 한마디로, 무슨 일이든 매뉴얼에 따라 얼마든지 문제 해결이 가능한 '정답 사회'였다.

정답 사회는 동일한 상황에서 경쟁한다. 그래서 늘 마주치는 옆집 아이, 옆자리 동료, 같은 반 친구 등이 경쟁 상대다. 또한, 정답 사회는 남과 다른 것을 이상하게 본다. 그래서 남과 다른 걸 뒤처진다고 생각한다. 우리는 지금도 이 습관에 젖어 있다.

남과 다름이 새로운 경쟁력

그러나 지금 사회를 똑바로 보자. 4차 산업혁명 시대다. 표준화된 매뉴얼로 일할 수 있는 분야는 모두 자동화돼 가고 있다. 무인 점포, 셀프 주유소, 셀프 계산대, 자동주문기계, 하이패스, 은행의 ATM기기 등등 우리 주변만 보더라도 알게 모르게 모든 것이 빠른 속도로 자동화돼 가고 있다. 즉, 정답이 있는 일, 정해진 업무는 컴퓨터와 자동화기계의 몫이 되었다.

그런데 이런 사회의 또 다른 특징을 보자. 컴퓨터와 과학기술이 정답이 있는 문제를 재빨리 해결하는 사이, 불특정하고 복잡한 문제들이 나타나기 시작했다. 지구 온난화, 미세먼지, 원인을 알 수 없는 질병과 희귀한 전염병, 이념 갈등으로 인한 테러 문제 등등 이루 말할 수 없이 많다.

이런 문제는 예측하기 어려우므로 해결하기도 어렵다. 또한, 여러 가지 사항이 결합해서 일어난 문제이기 때문에 특정한 방법이나 특정한 사람이 해결하기도 어렵다. 다시 말해, 매뉴얼로 해결할 수 없다. 따라서 세상은 사람들의 독창적인 문제해결능력을 요구하기 시작했다. 사회 변화에 민감한 기업부터 매일 혁신을 외치기 시작했다. 이제는 옆자리 동료와 다른 생각, 다른 아이디어를 가져오라고 요구한다. 학교에서도 느리지만, 변화를 일으키기 시작했다. 수업 시간에 독창적인 생각을 묻기 시작한 것이다.

이제 경쟁상대는 옆집 아이가 아니다. 정답을 누가 많이 맞히는가 경쟁하는 것이 아니기 때문이다. 이제는 우리 아이가 옆집 아이와 얼마나 다른 방식으로 문제를 바라볼 수 있을까를 고민해야 한다. 같은 문제도 얼마든지 다른 방식으로 해결할 수 있다. 이제는 다름이 경쟁력이라는 것을 깨달아야 한다.

독창성을 키우는 3가지 방법

사람은 모두 다르게 태어난다. 그리고 모두 다른 환경에서 자란다. 그런데도 아직까지는 일정한 기준 안에서 아이들을 키운다. 이제는 생각을 바꿔야 한다. 부모의 교육 철학이 바뀌면, 아이는 저마다의 개성대로 자랄 수 있다. 그리고 저마다의 개성과 기질을 이용하여 독창적으로 살 수 있다. 독창적으로 태어난 아이를 자꾸만 틀 안에 가두려 하다 보니 여러 문제가 생기는 것이다.

그럼 타고난 독창성을 어떻게 더 강화할 수 있을까.

첫째, 부모는 아이의 개성과 기질을 있는 그대로 인정해야 한다. 부모의 유전인자를 물려받은 아이는 부모가 조성한 환경에서 특별한 성격과 기질을 형성하며 자란다. 누구는 혼자 조용히 있는 것을, 누구는 여럿이 떠들썩한 것을 더 좋아한다. 식사할 때 누구는 후딱 먹어 치우지만, 누구는 천천히 맛을 음미하며 먹는다. 누구는 생각을 먼저 하지만, 누구는 행동을 먼저 한다. 누구는 피아노 배우는 게 흥미롭지만, 누구는 밖에서 축구공을 차는 게 더 흥미롭다. 누구는 조용히 오래 앉아있을 수 있지만, 누구는 잠시도 조용히 있는 게 어렵다. 이처럼 그 누구도 완전히 같은 성격, 기질을 갖지 않는다.

이런 성격과 기질은 어느 것이 좋다 나쁘다, 옳다 그르다 판단할 수 없다. 이건 그저 다른 것이다. 그런데 많은 부모가 이 다름 때문에 힘들어 한다. 자신이 생각하는 기준에 맞지 않으면 아이가 잘못된 방향으로 자란다고 생각한다. 그래서 자신이 원하는 방향으로 자라도록 강요한다.

이렇게 되면 부모와 아이 양쪽 다 힘들고 갈등이 생길 수밖에 없다. 이것은 전적으로 부모의 문제다. 부모가 아이를 있는 그대로 인정하지 못하기 때문에 생기는 문제다. 아이는 부모의 소유물이 아니다. 아이의 타고난 개성을 그대로 받아들이고 지지해 줄 때 아이는 독창성을 길러 미래 사회에서 경쟁력을 가질 수 있다.

둘째, 아이는 심심해야 한다. 요즘 아이들은 과거와 달리 어려서부터 정해진 틀 안에서 성장하는 경우가 많다. 태어나 몇 개월이 채 지나기도 전에 문화센터의 틀 안에 아이가 들어간다. 그러고는 이내 유아·유치원의 틀 안에, 학교와 학원의 틀 안에 갇힌다. 겉으로는 놀면서 배우는 것처럼 보이지만, 실은 울타리를 벗어나지 못하도록 강요, 감시당하고 있다고 말하면 지나친가?

아이에게 혼자서 심심할 시간을 허용해야 한다. 그때 아이는 자신의 취향대로 놀이를 구상하거나, 읽을거리를 찾거나, 아니면 아무것도 안 하며 공상을 즐길 수 있다. 이런 시간이 있어야 아이는 자신이 좋아하는 것이나 잘하는 것을 발견할 수 있다. 아이가 심심할 때가 바로 자기의 개성과 독창성을 드러내는 때다. 부모는 이 시간을 허용하고 기다려 줘야 한다.

셋째, 부모가 원하는 것이 아니라 아이가 원하는 것을 지지해 줘야 한다. 부모가 자녀를 키울 때 자신만의 기준을 갖는 것은 중요하다. 그러나 그 기준의 중심에는 반드시 아이가 있어야 한다. 엄마가 살았던 세상의 기준으로, 또 외부에서 요구하는 기준으로 아이를 키우면 아이의 개성은 살릴 수가 없다.

부모는 아이보다 먼저 살아본 사람이므로 아이가 자기와 같은 시행착오 없이 살기를 바랄 것이다. 그러나 아이도 그것을 바랄까? 아이의 삶은 아이 것이다. 부모가 주고 싶은 삶이 아무리 좋은 삶일지라도 아이에게는 별 의미 없는 삶일 수 있다. 따라서 부모 기준에는 탐탁하지 않아도 아이가 원하는 것을 받아들이고, 그에 필요한 환경을 적극적으로 제공해 줘야 한다. 그래야 아이가 자신의 개성을 온전히 발휘할 기회를 얻게 된다.

아이가 살아야 할 미래는 부모 역시 살아보질 못했다. 그런데도 부모는 과거의 잣대로 미래를 재단하는 잘못을 범한다. 세상은 점점 더 창의적이고 혁신적인 사고를 요구하고 있다. 이런 세상에 태어난 아이들은 부모의 생각보다 자신이 가야 할 길을 더 잘 찾아간다. 부모는 믿고 기다려주는 인내심이 필요하다. 무엇을 하든 잘할 수 있을 거라는 확신으로 격려하고 지지해 줄 때 아이들은 세상에 둘도 없는 자신만의 길을 개척하게 될 것이다.

31
나 홀로가 아니라 함께 배우기

협력은 훈련으로 발달하는 역량이다. 협력을 잘하기 위해서는 소통 능력, 공감 능력 그리고 자기통제력을 길러야 한다.

지금 세상은 분업 사회에서 협력 사회로 변화를 맞이하고 있다. 대량생산체제에서는 일의 효율을 높이기 위해 생산의 모든 과정을 전문적인 부문으로 쪼개고 나누어 여러 사람이 분담해서 일했다. 공장 노동자는 옆 사람과 상관없이 자신의 일만 충실하게 하면 그만이었다. 회사는 과 또는 부서를 철저하게 분리해서 각자 맡은 일만 하도록 했다. 이와 마찬가지로 학교는 과목을 분리하여 독립적으로 가르쳤다. 공부 또한 각자 조용히 했다. 이처럼 분업 사회에서는 개인이 파편처럼 흩어져 각자 맡은 일을 하는 것이 미덕이었다.

문제해결력의 비결은 협력

그러나 최근에는 산업의 경계가 사라지고 있다. 언젠가부터 통섭, 융합, 초연결이 경제뿐만 아니라 사회 전반의 키워드가 되었다. 이런 분위기에 발맞춰 기업에서는 협력을 잘하는 사람을 인재로 보기 시작했다. 협력은 21세기 사회에서 가장 중요하게 여기는 역량이다. 현대 사회는 예측 불허의 문제가 수시로 발생한다. 이런 문제를 해결하기 위해서는 문제를 다양한 각도에서 바라볼 수 있어야 한다. 그러려면 생각이 다른 여러 사람이 모여서 협력해야 한다. 즉, '독창적인 문제해결력'은 '협력'을 통해서만 나온다.

1970년대에 우리나라 사회 교과에서는 '전국 일일생활권 시대의 도래'를 가르쳤다. 지금은 어떤가. SNS로 전 세계가 실시간으로 연결되는 초연결 사회다. '전 세계 일일생활권'이라는 말도 곧 당연하게 받아들일 것이다. 이것은 전 세계 사람이 인터넷으로 삶의 모든 것을 공유하는 '공유 사회'에 살고 있다는 뜻이기도 하다. 우리 집에서 먹은 저녁 식단 메뉴에서부터 우리나라의 촛불 시위에 이르기까지 일의 경중을 막론하고 실시간으로 전 세계에 공유가 가능하다 .

자, 그럼 '독창적인 문제해결력'과 '공유의 시대'라는 키워드를 합쳐보자. 왜 기업이 협력을 잘하는 사람을 인재라고 여기는지 알 수 있을 것이다. 이제는 특출난 한 사람이 다수를 이끄는 독재형 리더십으로는 살아남기 힘든 사회가 됐다. 다시 말해, 협력의 리더십을 지닌 사람만이 살아남는 사회가 됐다.

협력의 대표적인 모습, 집단지성

협력의 대표적인 사례가 위키피디아다. 다수의 지성이 모여 집단지성을 일으킨 살아 있는 백과사전 위키피디아. 위키피디아는 누구나 자유롭게 글을 쓰는 사용자 참여 온라인 백과사전이다. 다양한 방면의 지식이 방대한 분량으로 자세히 수록돼 있으며, 접근이 편하고 내용이 지속해서 업데이트되기 때문에 여러 논란에도 불구하고 세계인이 애용하고 있다. 위키피디아는 다수의 협력이 없었다면, 지금과 같이 대중적인 백과사전의 역할이 불가능했을 것이다.

협력이 중요한 사회가 되자, 교육 형태도 바뀌기 시작했다. 프로젝트 기반 수업, 토론 수업, 거꾸로 교실과 같은 수업으로 아이들은 협력하는 법을 배운다. 그런데 협력하는 것은 말처럼 간단

한 일이 아니다. 평소에 자기통제력이 부족한 아이들은 다 같이 하는 프로젝트나 토론을 힘들어 한다. 자기가 말하기는 쉬우나 다른 친구의 말을 끝까지 들어주는 것은 어렵기 때문이다. 자신의 의견과 다른 의견을 내놓으면 싸우자는 소리로 받아들이는 아이도 있다. 혹은, 여럿이 있는 공간에서 자기의 의견을 말하는 것을 어려워하는 아이도 많다.

아이와 함께, 협력 훈련

협력은 훈련으로 발달하는 역량이다. 협력을 잘 하기 위해서는 소통 능력, 공감 능력 그리고 자기통제력을 길러야 한다. 어려서부터 부모와 수평적인 위치에서 대화하면 소통과 공감 능력은 자연스레 길러질 것이다. 협력을 가르치고 싶다면 아이에게 지시와 명령 대신 의논 혹은 대화를 하길 바란다.

자기통제력, 자기조절력이 부족한 아이는 혼자 하는 것은 잘할지라도 타인과 협력하는 것은 어려워한다. 그러므로 협력을 훈련한다는 것은 결국 자기통제력을 훈련하는 것과 같다. 놀이터 그네를 먼저 타겠다거나, 혹은 다른 아이들이 기다리는 것을 무시하고 계속 타겠다고 떼쓰는 아이에게 어떻게 했는지 떠올려 보라. 이런 일이 벌어질 때 아이를 어떻게 대하느냐에 따라, 아이는

혼자 책상 앞에서 조용히 하는 공부는 이제 시대에 맞지 않는 공부다. 소통과 협력의 공부를 익히지 않으면, 글로벌한 무대에 진출하는 것은 불가능하다.

자기조절력을 키울 수도 못 키울 수도 있다.

그나마 이렇게 갈등이 일어나는 상황을 맞이하는 것은 괜찮다. 가장 안 좋은 것은 이런 갈등을 겪을 기회조차 박탈하는 것이다. 아이는 놀이터 등에서 다른 아이와 함께 놀면서 협력하는 법을 자연스레 배운다. 자기 고집만 피우는 아이는 다른 아이들이 함께 놀아주질 않기 때문이다. 그러므로 아이가 협력하는 법을 배우도록 하기 위해서는 다른 아이와 함께하는 시간을 많이 만들어 주어야 한다.

아이와 함께 마트에 다녀와서 장 봐온 물건 정리를 아이에게

맡겨 보는 것만으로도 아이에게 협력을 경험하게 할 수 있다. 혹시 정리가 마음에 안 들더라도 그냥 지켜보는 것이 좋다. 좀 부족하더라도 가족의 구성원으로서 협력하는 법을 배우는 귀중한 시간이기 때문이다.

그리고 부모가 이런 행동에 적극적으로 칭찬해 줄 필요도 있다. 그러면 아이는 함께하는 기쁨을 알게 될 것이고, 가정뿐만 아니라 다른 곳에서도 협력을 잘하는 아이가 될 것이다. 가족이 함께할 수 있는 조각 퍼즐 같은 놀이를 통해서도 협력을 배울 수 있다. 함께할 때 더 즐겁고 빨리 맞출 수 있다는 것을 느낀다면 협력을 굳이 말로 설명하지 않아도 된다.

협력하는 능력은 혼자 지식을 외울 때나 혼자 문제를 풀 때 생기는 것이 아니다. 공부도 함께하고, 문제도 함께 풀며 각자의 방법을 공유할 때 생기는 것이다.

혼자 책상 앞에서 조용히 하는 공부는 이제 시대에 맞지 않는 공부다. 소통과 협력의 공부를 익히지 않으면, 글로벌한 무대에 진출하는 것은 불가능하다.

지금 우리 아이가 협력의 환경에 얼마나 노출되어 있을까? 협력은 일상에서 훈련하는 것이다. 이때 부모가 아이의 롤모델이 되어주어야 한다. 난폭 운전을 하는 부모와 양보하고 배려하는 운전을 하는 부모 중에 아이는 누구에게서 협력을 배우게 될까?

32
목표와 도전, 그리고 실패해 보기

부모가 평소에 결과에 집착하는 모습을 보이면, 아이는 실패를 두려워한다. 그러나 부모가 결과보다 노력하는 과정을 중요하게 여기면 아이는 실패에서도 많은 것을 배운다.

유대인은 미국 인구의 2%에 불과하다. 그런데 미국 국민소득의 15%를 차지한다. 이것은 일반 미국인의 7배가 넘는 수치다. 미국의 50대 기업 중 17개 기업을 유대인이 세웠고, 하버드 대학의 학생 중 30%가 유대인이다. 미국의 시사 주간지 〈타임〉은 19세기 대표적인 인물로 토머스 에디슨과 알베르트 아인슈타인을 선정했다. 이 둘의 공통점은 세상을 대표하는 천재이며 또 유대인이라는 것이다. 이외에도 우리에게 알려진 유대인의 성취는 말로 다 할 수 없을 정도다. 2,000년간 나라 없이 세계를 떠돌며 살았던 그들이 이런 기적 같은 성취를 이룰 수 있었던 동력은 과연 무엇일까.

뚜렷한 목표가 살아남게 만든다

많은 사람이 유대인의 성공비결을 특별한 자녀교육에서 찾는다. 남다른 자녀교육법 중에서도 대대로 이어져 오며 그들의 정신을 지배하고 있는 '후츠파'에서 그 요인을 찾는다. 후츠파(chutzpah)는 '뻔뻔한', '당돌한', '주제넘은' 등의 뜻을 가진 히브리어로 유대인이 지향하는 7가지 정신을 말한다. 그 7가지 정신은 권위에 대한 질문, 형식 타파, 섞임과 어울림, 위험 감수, 목표지향 정신, 끈질김, 실패 학습을 말한다.

그들은 어떻게 이 후츠파 정신을 만들어 냈을까. 그들이 후츠파 정신을 만들고 그것을 바탕으로 오늘날의 성취를 이룬 것은 자녀교육에 관한 뚜렷한 목표가 있었기 때문이다. 유대인은 수 천 년 동안 나라 없이 떠돌고, 박해받으면서 반드시 살아남아야 한다는 목표를 세웠다. 목표를 이루려면 자녀 세대에게 또한 뚜렷한 목표를 심어주어야 했다.

뚜렷한 목표는 전략을 세우게 한다. 그리고 그 전략을 이용해서 끊임없이 도전하게 만든다. 살아남아야 한다는 뚜렷한 목표가 없었다면, 유대인의 후츠파 정신이 오늘날까지 이어져 왔을까?

위스콘신 대학 연구팀에 의하면 목표의식을 가진 사람과 그렇지 않은 사람은 단어 퍼즐처럼 두뇌를 사용하는 과제에서부터 통나무를 베거나 자전거 페달을 밟는 신체 활동에 이르기까지 모든 영역에서 뚜렷한 성과 차이를 보인다고 한다. 목표의식을 가진 벌목꾼들은 그렇지 않은 사람에 비해 같은 시간에 더 많은 나무를 베었고, 운전기사들이 트럭으로 실어 나르는 통나무의 양도 법적 허용치의 60%에서 90%로 많아졌다. 나무를 베고 운반하는 일도 목표의 있고 없음에 따라 이런 성과 차이를 보이는데, 인생 목표가 있고 없고는 더 말할 필요가 없을 것이다.

부모가 먼저 목표의식이 있어야 한다

아마도 지금까지 살아오는 동안 인생에 뚜렷한 목표가 있어야 한다는 말을 수없이 들어왔을 것이다. 그런데 실제로 얼마나 많은 사람이 인생의 뚜렷한 목표를 가지고 살고 있을까. 나는 분명한 인생 목표가 있는 부모일까? 또한, 자녀교육에서도 나만의 분명한 목표가 있을까? 부모는 먼저 자신의 목표를 점검해 봐야 한다. 부모도 인생의 목표가 불분명한데, 어떻게 자녀에게 목표를 가지라고 얘기할 수 있나. 또 목표가 없는데 무엇을 도전하라고 할 것인가.

목표를 설정하는 것 역시 협력처럼 어릴 때부터 훈련하면 잘 할 수 있다. 목표는 큰일을 할 때만 필요한 게 아니다. 어릴 때부터 아무리 사소한 일이라도 자기가 하는 일에 목표를 세우고, 목표를 어떻게 이룰지 궁리해 보고, 이에 관해 부모와 대화를 나누는 습관을 들이면 목표를 설정하고 이루는 능력이 생길 것이다.

이런 훈련은 아이와 의사소통이 가능할 때부터, 그리고 일상 속에서 아이 수준에 맞게 시작하면 좋다. 어릴 때 이런 훈련이 자연스럽게 되면 초등학교에 들어갈 무렵에는 얼마든지 스스로 학교생활 및 과제수행에 관한 목표와 전략을 세울 수 있다.

하지만 부모가 목표와 전략을 세우는 것을 의미 없다고 생각하면, 아이는 어릴 때 이런 훈련을 할 기회를 놓친다. 이렇게 되면, 아이가 학교에 입학해서 고학년에 이르기까지 부모가 아이의 학습 스케줄을 짜주고, 공부 전략을 세워주며 일일이 간섭할 수밖에 없다. 이런 아이는 중학교, 고등학교에 진학해도 목적의식 없이 수동적으로 공부하게 된다. 이런 아이가 사회에 나가서 무엇을 할 수 있겠는가.

따라서 부모가 먼저 목표의식을 갖는 것이 매우 중요하다. 목표의식이 뚜렷한 부모의 자녀는 자연스레 목표지향적 삶을 산다. 공부를 왜 해야 하는지에 관한 확실한 목적과 목표를 가져야 성공에 한 발 더 다가갈 수 있다.

실패를 허용해야 도전이 가능하다

목표지향적 삶을 산다는 것은 실패도 얼마든지 받아들인다는 뜻이기도 하다. 우리나라의 공부문화는 과정보다 결과에 중점을 두는 경향이 있다. 점수에 따라 서열이 정해지던 시대를 살아온 기성세대는 아이의 성적에 과도한 집착을 보인다. 이러한 결과 지향의 사고방식 안에서 자라는 아이는 자신의 능력을 넘어선다는 생각이 들면 도전하기를 두려워한다. 다시 말해, 실패를 두려워한다. 그러나 실패를 해 보지 않은 사람은 성공도 할 수 없다. 그리고 실패를 겪었을 때, 회복하기도 어렵다.

목표가 뚜렷한 아이는 한 걸음 한 걸음 나아갈 때마다 목표를 수정하기도 한다. 이때 승부욕이 있는 아이일수록 목표를 위로 잡는 것을 두려워하지 않는다. 물론, 이것이 모두 성공으로 연결되지는 않는다. 오히려 목표를 높게 잡으면, 실패할 가능성도 커진다. 이때 부모의 역할이 중요하다. 부모가 평소에 결과에 집착하는 모습을 보이면, 아이는 실패를 두려워 한다. 그러나 부모가 결과보다 노력하는 과정을 중요하게 여기면 아이는 실패에서도 많은 것을 배운다. 그리고 다음에는 실패하지 않기 위해 더 나은 전략을 짠다. 그러므로 부모는 자녀에게 실패를 허용하고 격려하는 태도를 보여야 한다.

역사적으로 유명한 실패의 대가가 있다. 바로 에디슨이다. 그는 전구를 발명하기 위해 1,200번의 실패를 했다. 축전기를 만들 때는 2만 번의 실패를 했다. 전구에 들어가는 필라멘트를 만들 때는 1년이 넘는 동안 2,399번의 실패를 했다. 하지만 그는 실패할 때마다 "나는 전구를 만들 수 없는 또 하나의 이유를 배웠다"며 실패조차도 성공으로 받아들였다.

우리는 유대인만큼이나 특별한 자녀교육을 하고 있다. 하지만 그 성과는 천양지차다. 그 이유는 무엇일까?

《죽음의 수용소》의 저자 빅터 프랭클(Viktor Emil Frankl)은 말한다.

"나치 수용소에서 끝까지 살아남은 사람은 가장 건강한 사람도, 가장 영양상태가 좋은 사람도, 가장 지능이 우수한 사람도 아니었다. 그들은 살아야 할 절실한 이유와 살아남아서 해야 할 구체적인 목표를 가진 사람들이었다. 목표가 강한 의욕과 원동력을 지속해서 제공했기 때문에 살아남을 수 있었다."

오직 20%의 사람들만 뚜렷한 목표가 있고, 나머지 80%의 사람들은 대개 하루하루 별다른 목표 없이 살아간다고 한다. 당신은 아이가 어느 쪽에 속하기를 바라는가.

33
로봇이 하지 못하는 '스스로' 하기

"난 스스로 할 수 있는 게 많아. 스스로 하는 것은 좋은 건가 봐. 엄마가 웃으며 칭찬을 해 주셨어. 앞으로도 또 혼자 해 봐야지."

인공지능 로봇이 일상생활 안으로 들어올 때, AI가 할 수 있는 것과 할 수 없는 것을 구분하여 인간만이 할 수 있는 역할을 찾는 것이 그 어느 때보다 중요해지고 있다. 아직 이런 일이 SF 영화에서나 일어나는 일로 여긴다면, 아이의 미래는 위협받을 수밖에 없다. 과학기술은 우리가 준비가 돼 있든, 아니든 어느 순간 성큼 다가올 것이기 때문이다.

현재 인공지능 로봇이 가장 잘하는 것은 인간이 프로그램한 대로 하는 것이다. 2016년 알파고의 미션은 '이세돌 9단을 이기는 것'이었다. 따라서 알파고는 이세돌보다 약간 잘해 경제적으로 이기는 수를 두었다. 넘치지도 모자라지도 않게 이기는 미션을 수행한 것이다. AI 전문가 KAIST 김대식 교수는 "알파고는 이세돌 9단보다 10배 잘하는 사람이 와도 11배만 잘하는 식으로 대응할 것이다"라고 했다. 우리는 알파고와 이세돌 9단의 대결을 통해, 컴퓨터는 입력된 프로그램만 성실하게 수행할 뿐임을 알 수 있어야 한다.

비록 알파고에게 이세돌 9단이 지기는 했지만, 사람에게는 알파고에게 없는 자율의지가 있다. 스스로 선택하고 결정하는 자율의지는 인간의 본능이다. 그런데 이 본능도 성장 환경에 따라 달라질 수 있다. 아이가 자율의지를 가지고 태어나도, 부모가 아이의 자율성을 억압하면 아이는 수동적으로 바뀌게 된다.

자율과 타율은 학습된다

어린아이는 해야 할 일과 해서는 안 될 일을 구분하지 못한다. 그렇지만, 자율의지를 갖고 태어났기에 무조건 무엇인가를 하고자 한다. 양육자의 입장에서는 저지레(일이나 물건을 들추어내거나 떠벌려 그르치는 것)를 하는 아이가 마냥 반갑지만은 않다. 그래서 아이에게 많은 제재를 가한다. 아이는 제재를 받으면, 자기가 하는 행동을 부정적으로 인식하게 된다. 아마 말로 표현은 못 해도 "내 마음대로 하는 것은 안 좋은 거야. 엄마의 표정이 안 좋잖아. 스스로 하는 것은 나쁜 건가 봐. 앞으로는 엄마가 시키는 대로 하는 게 좋겠어."라고 느낄 것이다.

이런 일이 반복되면 아이의 타고난 자율의지는 꺾이고, 부모가 시키는 대로만 하는 수동형 아이로 바뀐다. 지금 우리 아이가 무슨 일을 하든 부모가 항상 개입해야만 하는 상황이라면, 아이를 탓할 게 아니라 그동안 부모가 아이를 어떻게 대해 왔는지 되돌아봐야 한다. 엄마, 아빠의 반응이 지금의 아이로 만든 것이기 때문이다.

물론 아이가 뭐든지 마음대로 하도록 내버려 둬서는 안 된다. 특히, 신체에 위험한 일은 그냥 둬서는 안 된다. 그런 일은 부모가 적극적으로 개입해서 아이의 행동이 위험한 행동임을 알려주어야 한다. 그러나 그 외의 것은 부모가 다소 힘들더라도 허용 범위를 넓혀주어야 한다. 그리고 혼자 무엇인가를 수행할 때 옆에서 지켜봐 주고 칭찬해 줘야 한다. 이런 부모의 행동이 반복되면, 아이는 속으로 생각할 것이다. "난 스스로 할 수 있는 게 많아. 스스로 하는 것은 좋은 건가 봐. 엄마가 웃으며 칭찬을 해 주셨어. 앞으로도 또 혼자 해 봐야지." 이런 아이는 타고난 본능인 자율성이 더 강화된다. 그리고 점차 부모의 개입 없이도 스스로 잘하는 아이로 성장한다.

대부분 부모는 아이가 뭐든지 스스로 잘했으면 좋겠다고 하소연한다. 책도 스스로 읽고, 공부도 스스로 하고, 시간 맞춰 학원에 알아서 가고 등등 자발적인 아이가 되기를 원한다. 하지만 자율성이란 어느 날 갑자기 생기는 게 아니다. 아이가 가지고 태어난 자율성의 씨앗에 부모가 꾸준히 물을 주고 영양분을 주어야 부모가 원하는 시점에 스스로 하는 아이가 된다.

스스로 할 기회가 필요하다

남편, 아이와 함께 프랑스에서 유학 생활을 하고, 아이 교육 때문에 프랑스에서 사는 한 한국인 엄마가 있었다. 이 한국인 엄마가 자녀교육을 위해 프랑스에 남게 된 이유는 한국과 다른 프랑스의 교육방식 때문이었다. 그중 어려서부터 자율성과 사회성을 길러주는 프랑스 교육에 큰 만족감을 느꼈다.

프랑스의 자율성과 사회성 교육은 유치원부터 시작된다. 아이들은 유치원에 다니면서부터 낯선 환경에서 혼자 살아나가는 법을 배우기 시작한다. 아이가 유치원에서 가장 많이 듣는 말은 "이제 모든 것을 스스로 해야 한다"는 말이다. 혼자 외투를 벗어 옷걸이에 걸고, 신발끈도 스스로 매는 훈련을 한다.

가정에서도 이런 교육을 하도록 권유한다. 예를 들어 엄마가 아이에게 옷을 입혀주면 유치원 교사가 "혼자 입게 하라"고 말한다. 또 엄마가 아이의 가방을 들어주면 "혼자 들게 하라"고 제지한다. 엄마가 뭐든 해줘 버릇하면, 아이는 자율성보다 의존성이 강해진다는 게 이유다. 실제로 프랑스 엄마는 아이가 넘어져도 일으켜 세우지 않는다. 3살짜리 꼬마도 혼자 힘으로 일어난다.

그런데 우리 엄마들은 무엇이든 적극적으로 개입하는 것을 자녀에 대한 사랑으로 착각하는 경향이 있다. 그래서 아이 주위를 맴돌며 착륙과 이륙을 반복하는 헬리콥터 맘이나 아이를 자신의 주머니에 넣고 다니듯 모든 것에 개입하는 캥거루 맘까지 등장한 것이다.

무엇이 진짜 사랑일까. 부모도 이미 알고 있다. 누가 시켜서 하는 것이 아니라 스스로 할 때 성취감이 크다는 것을. 그리고 그러한 성취감을 맛보기 위해 다음에도 스스로 하기를 즐긴다는 것을.

그런데 많은 부모가 우리 아이는 아직 스스로 하지 못한다고 말한다. 아이에게 스스로 할 기회를 줘 봤을까. 아니면, 아이에게 스스로 할 기회를 줬을 때, 단번에 잘하기를 기대한 것은 아닐까. 혹은 잘하지 못할 것이라고 지레짐작해서 부모가 나서서 해주지는 않았을까.

사람은 누구나 자율성을 갖고 태어난다. 하지만 어떤 부모 어떤 환경에서 성장하느냐에 따라 자율성이 의존성으로 바뀌기도 한다. 미래 사회에서는 인간의 자발적인 의지가 차별화된 경쟁력이 된다. 아직 늦지 않았다. 이제라도 내면에 숨어 있는, 개발되지 못한 아이의 자율성이 자라도록 기회를 줘야 한다. 조금 부족하고 부모 맘에 안 들더라도 인내심을 가지고 기다리면, 아이는 자율성을 드러낼 것이다.

그런데 갑자기 아이에게 모든 것을 알아서 하라고 하는 것은 곤란하다. 그동안 부모에게 많은 것을 의존해 왔던 아이들은 오히려 불안감을 느낄 것이다. 일단 아이가 할 수 있는 범위에서 한두 가지씩 부모의 개입을 줄이고 아이에게 기회를 주어야 한다. 그리고 잘하지 못해도 괜찮다고, 누구나 처음부터 잘할 수 없다고, 곁에서 도와주겠다고 해야 한다. 그러면 아이는 마음의 여유가 생기고, 좀 부족해도 스스로 하고자 한다. 이처럼 부모는 아이의 대리인이 아니라 조력자가 돼야 한다.

6부

잊지 말아야 한다

부모는 퍼스트 멘토이자 영원한 멘토

아이에게는 비평보다는 몸소 실천해 보이는 모범이 필요하다.

– 조제프 주베르 Joseph Joubert

34
고집 대신 유연성

혁신의 중심에 부모가 아니라 아이가 있어야 한다.
아이가 중심에 있지 않는 혁신 전략은 무모한 전략일 뿐이다.

우리나라는 다른 나라에는 없는 우리나라만의 특별한 교육방식이 있다. 바로 '엄마표'다. 엄마표 영어 공부법, 엄마표 수학 공부법, 엄마표 놀이 등등 언제부터인가 엄마표는 특별한 교육 전략인 듯 사용되고 있다. '자녀를 사교육 기관에 보내는 대신 집에서 엄마의 방식으로 교육한다'는 뜻이다. 그런데 최근들어 엄마표에 비상등이 켜졌다.

자녀의 걸림돌이 될 수도 있는 '엄마표'

한 기사에서 "주입식 세대의 엄마가 자녀교육의 걸림돌"이라는 지적을 했다. 왜 엄마표가 자녀교육의 걸림돌이라는 걸까? 그 기사의 요점은, "과거 주입식 교육으로 성장한 세대가 사회의 변화를 감지하지 못하고 자신의 공부법을 자녀에게 강요한다는 것"이었다.

실제로 여러 교육 전문가들은 "스팀(steam)교육이 등장하고 스토리텔링(storytelling)으로 교수 방식이 바뀌었음에도 과거의 기준으로 자녀교육에 개입하는 것은 위험할 수 있다"고 지적한다.

그러므로 '엄마표'가 정말로 괜찮은 건지 점검해 볼 필요가 있다. 엄마가 자녀교육을 무조건 사교육 기관에 아웃소싱하는 것도 문제지만, 집에서 엄마 방식대로만 자녀를 돌보는 것도 문제다. 엄마가 사회 변화를 읽지 못하고 있다면, 기사에서 말한 대로 자녀의 미래에 걸림돌이 될 수 있다.

사람은 일반적으로 자신의 경험을 바탕으로 판단하고 결정한다. 그래서 자신이 경험하지 못한 것은 판단하거나 결정하기가 쉽지 않다. 교육도 마찬가지다. 자녀교육의 주도권은 부모에게 있는데 오늘날의 부모는 주입식 교육을 받은 세대다. 지식을 암기하는 것에 익숙하며 시험도 객관식으로 치렀다. 주관식 문제가 있기는 했지만, 서술형이 아닌 단답형이었다.

그러나 교육 전문가들은 이 같은 방식이 급변하는 사회구조에 맞지 않는다며, 주입식 교육에 대해 끊임없이 이의제기를 하고 있다. 그런데도 주입식 교육에 익숙한 부모는 자녀교육에 관한 생각을 좀처럼 바꾸기 어렵다. 게다가 아직 수능이라는 객관식 대입평가제도가 영향력을 발휘하고 있는 우리나라에서는 더욱더 그렇다.

그러나 이제 우리나라 교육도 변화의 바람을 맞고 있다. 지금의 학부모는 주입식 교육의 마지막 세대이자 변화의 1세대다. 이제는 교육의 새로운 기준을 받아들여야 한다. 지금 우리 아이가 받는 교육이 과거형인지 미래형인지 차분하게 따져 볼 필요가 있다. 그리고 자신의 경험만을 고집하지 말고 세상의 변화를 유연하게 받아들여야 한다. 이를 바탕으로 내 아이에게 필요한 전략이 무엇인지를 생각해 봐야 한다.

부모는 자녀의 전략가

부모는 내 아이의 전략가가 돼야 한다. 그러나 상황 변화에 대한 정확한 판단 없이 미래의 전략을 말할 수는 없다. 전략은 상황에 맞게 적절하게 바뀌어야 한다. 지금 기업에서는 '혁신'을 전략이라고까지 말하고 있다. 혁신의 사전적 의미는 '묵은 풍속, 관습,

조직, 방법 등을 바꾸어 아주 새롭게 하는 것'이다. 기업이 매일 혁신을 부르짖고 있는 것은 혁신 없이는 생존이 불가능하기 때문이다.

세상은 이렇게 하루가 다르게 변화하는데 아이는 과거 기준으로 성장한다면, 아이가 사회에 나갈 때 아이와 사회와의 간격은 어마어마할 것이다. 세상이 혁신을 요구한다면, 부모도 혁신할 수 있어야 한다. 자신의 경험과 생각이 정답이라는 고집을 버려야 한다. 혁신의 시대에는 정답이 없다. 상황에 맞춰 끊임없이 새로운 전략을 세우는 것이 필요할 뿐이다.

그리고 거듭 강조하지만, 혁신의 중심에 부모가 아니라 아이가 있어야 한다. 아이가 중심에 있지 않는 혁신 전략은 무모한 전략일 뿐이다.

☞ 지금 아이를 위해 어떤 혁신이 필요한가 생각해 보고 정리해 보자.

35
간섭 대신 관심, 그리고 지속적인 격려와 지지

**관심을 보인다는 것은 결과와 관계없이
노력의 과정을 칭찬하고 격려해 주는 것이다.**

몇 년 전 전도유망했던 한 30대 CEO 최모 씨가 자신의 방에서 스스로 목숨을 버렸다. 명문대를 나와 회사를 성공적으로 운영하던 그의 극단적 선택에 주변 사람들은 의아해했다. 누가 봐도 부러움을 살 만한 집안 환경에 경제적으로 풍족했고, 죽음에 이르게 할 만한 이렇다 할 사건, 사고도 없었다. 그런 최 씨에게 무슨 일이 있었던 것일까.

그의 극단적 선택의 배후에는 과잉간섭으로 끊임없이 채찍질

해대는 부모가 있었다. 어렸을 때부터 최 씨는 부모의 자랑거리였다. 그러나 자랑스러운 아들로 키우기 위한 부모의 간섭은 도가 지나쳤다. 말투며 옷차림까지 하나하나 간섭했고, 주변 친구는 물론, 여자친구까지 관리했다. 착하고 공부 잘했던 최 씨는 그런 부모의 기대를 저버리지 않았다. 하지만 부모의 기대와 간섭은 끝이 없었다. 하나를 이루면 더 큰 목표를 제시했다. 필사적으로 달려서 목표에 이르면 더 달리라고 채찍질해댔다. 최 씨는 공허했다. 자기 인생을 산 것이 아니라 부모의 인생을 살았기 때문이다. 30대가 돼서야 깨달았지만, 이미 늦었다고 생각했다. 부모님의 기대를 저버리고 자기 인생을 살기에는 자신도, 용기도 없었다. 부모의 사랑을 잃어버릴까 두렵고 불안했다. 그의 극단적 선택은 뒤틀린 인생에 대한 분노를 부모가 아닌, 자기에게 표출한 결과였다.

헬리콥터 맘을 뛰어넘는 잔디깎이 맘

우리 주변에 이런 사례는 생각보다 많다. 요즘에는 헬리콥터 맘보다 더 극성인 '잔디깎이 맘'이 등장했다. 자녀의 성공을 위해 걸림돌이 되는 장애들을 부모가 앞장서서 다 없애주는 극성맘을 뜻하는 신조어이다.

이런 부모의 활약은 학교를 졸업한 이후에도 이어진다. 아파서 결근한다는 전화를 회사에 대신해 주는 엄마, 회식 후 일찍 보내 달라는 아빠, 결혼 안 한 40대 딸에게 밥 해 주고 방 청소를 해 주는 70대 엄마 등 다양하다. 이것을 제대로 된 자녀 사랑이라고 볼 수 있을까.

우리나라는 OECD 국가 중 청소년 자살률 1위라는 불명예를 짊어지고 있다. 부모에게 그토록 사랑을 받는데 왜 이런 일이 벌어질까. 과학고 출신으로 한 유명 대학 학부를 졸업하고 대학원 석사과정 중에 있던 한 학생은 자살하기 전 이런 말을 했다고 한다.

"초등학교 때부터 공부가 전부인 줄 알고 살았는데, 지금 와서 생각해 보니 그게 아니었다."

부모의 입장에서는 기가 막힐 노릇이다. 그토록 헌신을 다했는데 스스로 목숨을 버리다니. 이런 행동은 부모에 대한 배신으로밖에 여겨지지 않을 것이다. 하지만 부모는 헌신과 사랑으로 돌봤다고 생각할지 몰라도, 자녀는 부모의 꼭두각시 노릇만 했다고 생각했을 것이다. 자율적인 인간을 부모라는 이름으로 오랫동안 지나치게 간섭하고 억압했기 때문에 벌어진 비극이다.

간섭과 관심의 차이는 무엇인가

사람은 어떤 관계에서도 존중받아야 하는 존재다. 사람은 존중받을 때 행복한 자존감이 생긴다. 부모자식 관계에도 마찬가지다. 간섭은 존중이 배제된 상태에서 나의 기준을 강요하는 것이다. 처음에는 자녀가 이것이 부모의 사랑과 관심이라고 느껴 따라가지만, 이런 일이 반복되면 어느 날 부모의 기준을 맞추기 위해서만 살아왔다는 것을 깨닫게 된다. 그 순간 '존중받지 못한 나'라는 존재의 허무감을 느끼고 심한 경우, 극단적인 선택을 한다. 또한 부모의 간섭이 습관화된 사람은 거기에서 벗어나질 못하고 사회에 나가서나 결혼 이후에도 사사건건 부모에게 의지하여 결정을 내리는 '마마보이, 마마걸'이 된다.

이것은 서로에게 불행이다. 독립된 자아를 가지고 태어난 자녀를 영원히 독립시키지 못하는 부모나, 자율성 없이 살아가야 하는 자녀나 바람직한 인생은 아니다. 간섭은 그 수위가 어떻든 상대의 자존감을 헤치는 행위다. 그러므로 간섭은 관심으로 바뀌어야 한다.

간섭은 상대에 대한 배려나 존중이 없는 일방성을 가진다. 그러나 관심은 상대를 있는 그대로 인정하고 존중하며 나의 것을 강요하지 않는다. 간섭은 내 생각을 주장하고 나의 계획을 주입하여 상대의 행동을 내 방식대로 조절하는 것이다. 그러나 관심은 나보다 상대를 존중하기 때문에 상대의 행동을 있는 그대로 인정한다. 그리고 서로 의논하여 더 좋은 방향으로 함께 나간다. 관심은 쌍방향으로 일어나는 행위이므로 서로 기분이 좋고 행복하다. 아이는 부모에게 관심을 받고 있다고 생각하면, 책임감을 느끼고 더 잘하려 노력한다.

간섭의 말투, 관심의 말투

간섭과 관심은 말투에도 차이가 있다. 아이의 생각과 관계없이 "~을 해라"는 간섭하는 말투다. 일방적인 표현이기 때문이다. 반면에 "엄마 생각은 이러이러한데 네 생각은 어떠니?"는 관심의 말투다. 아이 중심의 표현이기 때문에 아이는 존중받고 사랑받는다고 느낀다. 그리고 이런 방식으로 아이가 어떤 선택을 하게 되면, 자기가 선택했기 때문에 그에 대한 책임도 자기가 지는 것으로 이해한다.

어떤 일의 결과에 대한 피드백에도 간섭과 관심은 차이가 있다. "그것 봐라, 엄마가 뭐랬어?" 이것은 간섭이다. 관심으로 시작해도 간섭으로 끝나면 의미가 없다. "열심히 노력했구나. 다음엔 더 잘할 수 있을 것 같구나. 어떻게 하면 더 좋을까? 도와줄 건 없니?" 이것은 아이를 믿고 존중하는 관심의 표현이다.

관심은 한 번으로 끝내면 안 된다. 아이를 지켜보며 지속해서 응원과 지지를 보내야 한다. 이에 아이는 부모가 항상 뒤를 지켜준다는 안정감이 생겨, 어려움이 찾아와도 극복하려고 노력한다.

관심을 보인다는 것은 결과와 관계없이 노력의 과정을 칭찬하고 격려해주는 것이다. 이런 격려와 지지로 아이가 어떤 일을 해결하면, 스스로 해냈다는 성취감을 느끼게 되고, 또 다른 도전으로 이어진다.

☞ 평소에 아이에게 자주 했던 간섭의 말을 떠올려 보고 관심의 말로 바꿔보자.

36
빅픽처는 속도가 아니다, 방향이다

토끼의 실수는 낮잠 잔 게 아니다. 토끼의 실수는 빠르기만 하면, 상대를 이길 수 있다는 근시안적 사고와 태도에 있다.

초등학교 때 우등생이 중·고등학교 때에도 우등생이 될 확률은 30% 미만이다. 초등학교 때는 여러 방면에서 뛰어나 졸업식장에서 온갖 상을 휩쓸었던 아이가 중학교 이후 상위권에서 사라지는 경우가 많다. 반대로 초등학교 때는 평범했던 아이가 중학교에 올라가서 두각을 나타내는 경우는 생각보다 많다. 이것은 무엇을 의미하는가.

토끼와 거북이

옛날 옛적에 토끼와 거북이가 살았다.

어느 날 토끼는 거북이에게 흥미로운 제안을 한 가지 한다.

토끼 : (의기양양) 거북아, 넌 왜 그렇게 느리니?

거북이 : …난… 최선을 다하고 있는 …거야…

토끼 : (흥! 멍청이) 거북아! 우리 심심한데 달리기 시합할래?

거북이 : 으…응? 달리기??

토끼 : 그래! 우리 달리기 시합에서 이기는 사람 소원 들어주기 하자!

거북이 : (휴…) 그래….

토끼는 아주 자신만만했다. 거북이는 내심 걱정스러웠지만, 최선을 다하면 괜찮을 것이라는 생각을 했는지 토끼의 제안을 받아들였다.

다음날. 시합이 시작됐다. 출발신호와 함께 토끼는 쏜살같이 달려 나갔다. 토끼는 한참 열심히 달리다가 뒤를 돌아다보았다. 당연히 거북이의 모습은 보이지 않았다.

토끼 : 쳇! 멍청이! 싱겁네. 잠이나 자야겠다.

시간이 얼마나 지났을까. 잠에서 깬 토끼는 뭔가 이상한 기운을 느꼈다.

승패 속에 숨은 진실

우리는 이 이야기의 결말을 알고 있다. 거북이와는 상대가 안 되게 빠른 토끼가 왜 거북이에게 이길 수 없었을까? 이야기를 보면, 토끼가 자신의 실력만 믿고 중간에 잠을 자버렸기 때문이다. 하지만 여기서 조금 더 깊이 토끼의 내면으로 들어가 보자. 토끼는 거북이에게 달리기 시합을 먼저 제안했다. 토끼는 달리기 시합의 승부를 가르는 것은 속도라고 생각했기 때문이다. 토끼는 땅 위에서라면 자신이 거북이보다 빠르다는 걸 알고 있었다. 그래서 토끼는 다른 전략은 짤 생각도 하지 않고, 시합 시작과 동시에 그저 빨리 뛰기만 했다. 그러다가 뒤따라오는 거북이의 모습이 보이지 않자 안심하고 낮잠을 잤다. 그런데 토끼의 실수는 낮잠 잔 게 아니다. 토끼의 실수는 빠르기만 하면 상대를 이길 수 있다는 근시안적 사고와 태도에 있다.

그럼 거북이는 어떻게 토끼를 이길 수 있었을까? 토끼가 먼저 달리기 시합을 제안했을 때 거북이는 몹시 당황스러웠을 것이다. 바닷속이라면 모를까 땅 위에서 엉금엉금 기어 토끼를 이길 수 없다는 사실을 거북이 자신도 잘 알고 있었기 때문이다. 하지만 거북이는 토끼의 제안을 수락했다. 거북이는 어떤 마음이었던 것일까.

거북이는 달리기 속도로는 토끼를 따라잡을 수 없다는 사실뿐만 아니라, 토끼가 자신을 놀리려고 시합을 제안했다는 사실까지 알고 있었다. 또한, 토끼가 벌써 이겼다는 듯이 구는 모습을 보며, 특별한 전략이 없음도 간파했을 가능성이 높다.

게다가 거북이는 토끼를 이기는 데 목표를 두지 않았다. 거북이의 목표는, 끝까지 최선을 다해 완주하는 것이었다. 겉으로 내색하지는 않았지만, 애초부터 이런 큰 그림을 그린 거북이는 토끼의 앞서감이나 낮잠에도 아랑곳하지 않고 땀을 뻘뻘 흘리며 목표를 향해 쉬지 않고 나아갔다. 다시 말하지만, 거북이의 승리는 토끼의 낮잠 때문이 아니다. 거북이의 거시적인 목표의식과 태도 덕분이다.

초등학교 우등생들의 좌절

자, 그럼 다시 생각해 보자. 왜 많은 초등학교 우등생들이 학년이 올라갈수록 좌절을 겪는 것일까? 이것은 아이보다 부모 탓이 크다. 부모가 애초에 공부를 경쟁 상대를 이기기 위한 속도전으로만 바라보았기 때문이다. 다시 말해, 자녀교육에 관한 큰 그림

지금은 그 어느 때보다 빅픽처를 그리는 교육이 절실하다. 다른 아이와 경쟁하며 속도전으로 밀어붙여 얻은 것이 나중에 아이에게 전혀 쓸모없는 것이 될 수 있다.

과 방향 없이 순간순간의 성취만 보고 이끌었기 때문이다. 마치 토끼가 거북이를 빠른 속도로 이기려고 재빨리 달려 나갔던 것처럼 말이다. 그러나 이런 공부를 하면, 아이는 금방 지치기 마련이다. 처음부터 큰 그림과 방향 설정을 하지 못한 채 달리기만 했던 아이가, 또 다른 공부력을 요구하는 중·고등학교에 가서 실력 발휘가 안 되는 것은 어찌 보면 당연하다.

앞의 이야기에서 거북이의 경쟁상대는 토끼가 아니었다. 토끼는 거북이를 경쟁상대로 생각했을지 몰라도, 거북이의 경쟁상대는 자신이었다. 이것이 결과적으로 거북이가 토끼를 이길 수 있었던 비결이다.

지금은 그 어느 때보다 빅픽처를 그리는 교육이 절실하다. 다른 아이와 경쟁하며 속도전으로 밀어붙여 얻은 것이 나중에 아이에게 전혀 쓸모없는 것이 될 수 있다. 당장의 성적과 서열을 위하여 문제집과 씨름하고 학원 투어를 하는 것이 아이들에게 무슨 의미가 있을까.

나는 어떤 그림을 그리는 부모인가 자문해 볼 필요가 있다. 아이는 아직 아무것도 그려지지 않은 캔버스다. 캔버스에 어떤 그림을 그릴지는 부모에게 달려 있다. 부모는 큰 그림을 그릴 수 있어야 한다. 그 큰 그림은 사회 변화와 맞물린 방향이어야 하며 일관되게 그 방향으로 가야 한다. 처음부터 큰 그림을 그리지 않으면, 캔버스의 그림이 자꾸 바뀌게 되어 무엇을 그리는지조차 모르게 된다.

당장 많은 것을 아이의 머릿속에 집어넣으려고 하면, 아이는 큰 그림을 그릴 수 없다. 가야 할 방향을 먼저 보고 그곳을 향해 천천히 한 걸음씩 가다 보면 어느새 목적지에 도달해 있을 것이다. 가야 할 방향을 정확하게 이해하고 출발했기 때문에 흔들릴 이유도 없다. 거북이처럼 말이다. 하지만 남보다 빨리 가려고 무조건 앞만 보고 달려 나가면 방향을 상실해서 결국 길을 헤맬 수밖에 없다. 토끼처럼 말이다. 빅픽처는 속도가 아니다. 방향이다.

☞ 우리 아이의 빅픽처는 무엇인가? 아이의 빅픽처는 어떤 방향으로 향해야 할까? 생각해 보고 정리해 보자.

37
따라쟁이 부모보다는 용기 있는 부모가 되자

"모두가 비슷한 생각을 한다는 것은
아무도 생각하고 있지 않다는 말이다"

천재 아인슈타인은 학교 선생님이 포기한 학생이었다. 아인슈타인은 학교생활에 적응도 하지 못했고 아이들과 어울리지도 못했다. 초등학교 때 담임선생님은 "아인슈타인은 장차 어떤 일을 해도 성공할 수 없을 것으로 판단된다."라는 말을 성적표에 기입했다. 뿐만 아니라 아인슈타인이 10살 때 교장 선생님은 "너는 나중에 어른 구실을 절대 못할 거야."라고 가혹한 말까지 했다.

내 아이가 학교에서 이런 말을 들었다면 마음이 어떨까. 그리고 어떻게 대처했을까. 아인슈타인이 대한민국에서 태어났다면, 상대성이론의 창시자가 될 수 있었을까.

아인슈타인을 키운 용기 있는 엄마

우리나라는 유행에 굉장히 민감한 나라다. 자신의 개성을 드러내는 것보다 남들이 하는 것을 따라 하는 것을 더 중요하게 여긴다. '모난 돌이 정 맞는다', '가만히 있으면 중간은 간다'는 등의 속담은 남과 다른 것을 좋지 않게 여기는 정서를 보여준다.

이런 상황에서 아이가 학교에서 아인슈타인이 들었던 가혹한 말을 교사에게서 듣는다면 어떻게 될까? 아마도 대부분 부모는 다른 아이와 비슷한 수준으로 끌어올리기 위해 학원, 과외, 학습지 등등, 성적을 올릴 수 있는 모든 방법을 모색했을 것이다.

그러나 아인슈타인의 엄마는 달랐다. 학교에서조차 포기한 아인슈타인의 잠재력을 끌어낸 것은 엄마 파울리네였다. 그녀는 아들의 모습에 실망하지도, 다른 아이와 같은 수준으로 맞추고자 하지도 않았다. 그녀는 "걱정할 것 없어. 남과 같으면 결코 남보다 훌륭한 사람이 될 수 없단다. 너는 남과 다르므로 훌륭한 사람이 될 거야."라며 격려했다.

아인슈타인의 엄마는 아들을 있는 그대로 인정했다. 남과 다른 것을 오히려 아들의 강점으로 받아들였다. 그녀는 남의 시선을 의식하지 않는 용기 있는 엄마였다.

부모가 용기를 내야 아이가 다른 꿈을 꾼다

이처럼 아인슈타인의 엄마는 자신의 아들을 있는 그대로 받아들이고 '어떻게 하면 남과 다르게 키울 수 있을까'를 끊임없이 고민했다. 반면에 우리는 어떤가? 자신도 모르게 옆집 아이와 비슷한 아이로 키우고 있는 경우가 흔하다. 옆집 아이가 공부 좀 잘한다는 얘기가 들리면 그 아이가 무엇을 하는지 유심히 보았다가 그대로 따라 한다. 옆집 아이가 다니는 학원, 학습지, 과외 등 옆집 아이의 공부 노하우가 결국 내 아이의 노하우가 된다.

간혹 남다른 결로 아이를 키우는 부모가 있다. 학원에 보내는 대신 책을 읽게 하고, 과외를 하는 대신 나가 놀게 하고, 문제집 대신 체험을 하게 하는 부모다. 그런데 이렇게 주관을 가지고 자녀를 교육하다가도, 아이가 초등학교에 들어가서 다른 아이와 경쟁하면 불안감을 내려놓지 못한다. 그래서 결국은 다른 부모가 교육하는 방식대로 따라 하는 부모가 된다.

우리에게는 아인슈타인 엄마와 같은 용기 있는 부모가 잘 안 보인다. 남들 눈치 보며 아이들을 줏대 없이 키우기에 급급하다.

요즘 청년들은 공무원이 되는 게 꿈이라고 한다. 아니다. 공무원이 되고 싶은 건 청년들의 꿈이 아닐 것이다. 모두가 안정적인 직장이 최고라고 하니 공무원이 되려고 하는 것일 뿐이다. 그렇다 해도 부모가 어릴 때부터 다양한 비전을 보여주었다면 자신만의 꿈을 꾸었을지도 모른다. 부모가 다른 사람의 눈치를 보며 아이를 키웠기에 아이가 커서도 다른 사람의 눈치를 보는 것은 아닐까?

이제는 각자 다른 꿈을 꿔야 할 때다. 아이들이 저마다 다른 꿈을 꿀 수 있도록, 부모가 먼저 남과 다른 길을 가는 용기를 내야 한다.

아인슈타인은 "모두가 비슷한 생각을 한다는 것은 아무도 생각하고 있지 않다는 말이다"라고 했다. 이제 우리는 자녀를 위해 생각할 때가 왔다. 남과 비슷해지기보다는 남과 달라질 용기를 낼 때가 왔다.

"모든 사람은 천재다. 하지만 당신이 나무를 오르는 능력으로 물고기를 판단하면, 물고기는 한평생 자신이 바보라고 믿으며 살 것이다."

아인슈타인의 말이다. 아인슈타인은 물고기였다. 그런데 학교는 물고기한테 자꾸만 나무를 오르는 능력을 기르라고 했다. 아인슈타인은 나무에 오르지 못해서 학습능력이 떨어지는 아이로 취급받았다. 하지만 아인슈타인의 엄마는 달랐다. 아들이 천재 물고기임을 알아차렸다. 그래서 물에서 맘껏 수영하도록 강가로 인도했다. 물 만난 물고기에게 불가능이란 없었다.

아이들은 저마다 다르다. 내 아이만의 개성을 들여다보는 용기 있는 부모가 돼 보는 것은 어떨까.

☞ 우리 아이에게 필요한 나의 용기 있는 결단은 무엇일까.
3가지만 생각하고 정리해 보자.

38
지금, 여기서 리셋하고 끊임없이 리폼하라

이처럼 시시각각으로 변화하는 사회에서 부모는 자신의 전략에 수시로 질문을 던질 수 있어야 한다. 그래야 우리 아이가 새로운 세상에 필요한 인재로 거듭나기 위한 리셋과 리폼이 가능하다.

2016년 기준, 한국인의 기대수명은 82.4세로 경제협력개발기구(OECD)국가 평균보다 1.6세 긴 것으로 나타났다. 기대수명은 그해 태어난 아이가 살 것으로 기대되는 수명을 말한다. 이 기대수명은 과학기술의 발전으로 점점 늘어나는 추세다.

인생은 수시로 리셋이 필요하다

사람의 수명이 늘어나면서 인생 3모작이라는 말이 등장했다. 100년을 바라보는 긴 인생에서 최소 3번의 리모델링을 요구한다는 뜻이다. 사실 크게 봐서 3번이지 그 사이사이 끊임없이 크고 작은 변화가 이어진다. 과거보다 더 복잡하고 변화가 심한 사회에서는 더욱더 그렇다.

따라서 우리는 삶에서 중요한 순간마다 '리셋'하는 용기가 필요하다. 리셋이란 기계 장치의 일부, 또는 시스템 전체를 미리 정해진 이전 상태로 되돌리는 것을 말한다. 최근에는 어떤 일을 다시 시작한다는 의미로 사용하고 있다.

사람은 많은 것을 아는 것 같지만, 실제로는 많은 것을 모른다. 그래서 누구나 알게 모르게 크고 작은 실수와 실패를 반복하며 살아간다. 이때 그 크고 작은 실수와 실패를 어떻게 받아들이느냐가 인생의 성공을 좌우하는 열쇠로 작용한다. 실패를 성공의 과정으로 바라보고 리셋할 수 있는 용기 있는 자가 살아남는다. 그런데 리셋은 실패에서만 필요한 것이 아니다. 작은 성공에 도취했다가 실패로 가는 인생이 얼마나 많은가. 작은 성공에 취하지 않고 더 큰 도전을 위해 리셋할 수 있어야 큰 성공을 거두게 된다. 결국, 인생의 모든 순간에 리셋이 필요하다. 넘어진 자리에서나, 승리한 자리에서나 리셋을 잊어버리면 인생이 흔들린다. 리셋은 용기다. 다시 일어나는 용기, 그리고 성공의 흥분에 빠지지 않는 용기다.

리셋과 리폼은 반성적 사고로부터

그렇다면 나는 우리 아이를 위해 무엇을 리셋해야 할까.

우선 지금까지 아이와 함께 성장해 온 시간을 되돌아보자. 나는 무엇을 잘했고 무엇을 못했을까. 부모 역시 불완전한 사람일 뿐이다. 또 부모로 사는 인생 또한 처음이다. 부모도 부모로 성장하는 중이다. 이것을 아는 부모가 돼야 한다. 그래서 때때로 지난 시간을 돌이켜 볼 줄 알아야 한다. 생각하는 부모와 생각하지 않는 부모의 차이는 아이에게서 나타난다. 반성적 사고로 새로운 전략을 짜서 아이를 키우기 때문이다.

나는 우리 아이의 미래를 위해 무엇을 가져가야 하며 무엇을 버려야 할까. 지금 좋은 것이 아이의 미래에도 좋은 것일까. 내가 잘한다고 생각하는 것이 사회의 방향과 맞을까. 아이를 부모의 틀에 가두어 창의성을 가로막는 건 아닐까. 부모가 원하는 것을 아이가 원하는 것으로 여겨 강요하고 있는 건 아닐까.

시시각각으로 변화하는 사회에서 부모는 자신의 전략에 수시로 질문을 던질 수 있어야 한다. 그래야 우리 아이가 새로운 세상에 필요한 인재로 거듭나기 위한 리셋과 리폼이 가능하다.

인생의 리셋, 안식년

사람에게 적절한 '쉼'은 자기가 습관적으로 해오던 일에서 빠져나와 제3자의 입장에서 바라볼 기회를 얻는다는 점에서 매우 중요하다. 따라서 쉼은 인생의 곳곳에서 시의적절하게 이루어질 필요가 있다. 이러한 쉼의 형태 중 하나가 최근 대학교수나 의사 등 전문 직종에서 흔히 사용하는 '안식년'이다.

유대인들의 전통 안식일에서 비롯된 안식년은 히브리어로 '일을 중지하다, 행동을 멈추다, 휴식하다'의 의미를 지닌다. 과거 농업사회에서의 안식년은 1년 동안 땅을 쉬게 해 주기 위해 시작되었다. 안식년에는 종에게 자유를 주고 빚을 탕감해 주는 전통이 있었으며, 토지 소유주나 소작농이나 동등하게 생활했다. 또한, 그 해에는 땅을 경작하지 않는 것은 물론, 저절로 자라서 열매를 맺은 곡식도 절대로 거두어들이지 않았으며, 이 모든 것을 어려운 사람들에게 나누어 주었다.

현대에 와서 안식년은 그동안 자신이 몰입했던 일을 떠나 1년 동안 몸과 마음의 휴식을 취하며 재충전을 하는 의미로 사용되고 있다. 즉, 안식년을 인생의 리셋 버튼으로 사용하는 것이다. 농작

물에 영양분을 공급하느라 수고한 땅도 리셋이 필요한데, 하물며 그보다 더 복잡다단한 삶을 사는 사람은 어떠하랴.

아이의 교육을 위해 부모도 아이도 때로는 안식이 필요하다. 이때 부모는 생각과 행동을 리셋해야 한다. 쉼 없이 달린다고 해서 좋은 결과를 내는 것은 아니다. 오히려 부작용이 크다. 리셋할 줄 알면 리폼은 자연스럽게 일어난다.

부모는 물론, 아이를 위해서도 언제 어디서나 리셋하고 리폼할 수 있는 용기를 가지길 바란다. 그런 부모 밑에서 자란 아이는 커서도 자기의 인생을 자유자재로 리셋하고 리폼하는 유연한 삶을 살 것이다.

☞ 나는 이 순간 내 아이의 무엇을 리셋하고 리폼해야 할까.
생각하고 정리해 보자.

39
부모는 자녀의 영원한 롤모델

전업주부든, 워킹맘이든, 육아대디든 무엇보다 중요한 건 아이들이 나를 지켜보고 있다는 사실을 알아야 한다는 것이다.

전 세계 최고 부자를 논할 때 마이크로소프트의 창업자인 빌 게이츠를 빼놓을 수 없다. 그는 성공한 기업가이자 통 큰 자선가로도 유명하다. 빌 게이츠는 아내 멀린다와 함께 2000년 설립한 '빌&멀린다 게이츠 재단'에 2014년까지 총 350억 달러를 기부한 것으로 알려졌다. 한화로 약 42조 5천억 원에 해당하는 금액이다.

이렇게 자선을 하는 데는 통이 크지만, "나는 일등석을 타지 않는다. 비즈니스 클래스로도 편히 갈 수 있는데 왜 일등석을 타서

돈을 낭비하는가?"라며 검소한 생활 태도를 보여준 바 있다. 그에게 어느 날 기자가 물었다. "당신이 오늘날 세계 최고 부자로 성공하고, 자선 사업가로 거듭난 비결이 무엇입니까?" 그러자 빌 게이츠는 "부모님으로부터 많은 것을 배웠기 때문입니다"라고 답했다.

보는 대로 흉내 내는 '거울 뉴런'

빌 게이츠는 항상 부모님이 자신의 롤모델이라고 했다. 그의 부모는 어떤 사람이었을까.

그의 아버지는 어려운 사람들을 돕는 데 주저함이 없던 변호사였다. 지역사회에서도 봉사를 적극적으로 했다. 어머니 역시 자녀를 키우느라 바쁜 와중에도 고아를 위한 모금 운동을 하는 등 봉사하는 삶을 실천한 분이었다. 자녀들에게도 항상 나누고 사랑하는 삶을 강조했다. 매년 크리스마스가 다가오면, "이번 크리스마스에 네 용돈의 얼마를 구세군에 기부할 생각이니?"라고 질문하곤 했다. 이런 부모 밑에서 자란 그가 기부에 대한 생각과 계획을 갖게 된 것은 당연한 일이다. 오늘날 빌 게이츠의 통 큰 자선은 보여주기식의 기부가 아니라, 어려서부터 자연스럽게 형성된 삶 그 자체였다.

우리는 때때로 아이들이 바르게 성장하고 큰 목표를 가지게 하기 위해 위인전을 읽힌다. 이는 동서고금의 다양한 인물 중에서 아이의 롤모델을 찾아주고 싶은 부모의 마음 때문일 것이다. 또한 사람은 자신이 닮고 싶은 타인을 통해 성장동력을 얻는다는 것을 알기 때문이기도 하다.

사람에게는 '거울 뉴런'이라는 뇌신경세포가 있다. 거울 뉴런은 다른 사람의 행동을 거울처럼 반영한다고 해서 붙여진 이름이다. 거울 뉴런은 사람이 타인의 특정 행동을 따라 하게 만드는 신경세포다. 옆 사람이 하품하면 따라 하는 것, 영화나 책 내용에 공감해서 웃거나 우는 것, 부부가 서로 닮는 것 등은 거울 뉴런의 활동 때문이다. 현재까지 밝혀진 바에 의하면, 거울 뉴런은 타인의 행동을 모방할 뿐만 아니라, 공감하거나 타인의 마음을 읽는 데도 관여한다고 한다.

그러므로 아이에게 위인전을 읽혀 롤모델을 찾게 하거나 일상에서 그런 대상을 만나게 하는 것은 뇌과학적 측면에서도 매우 의미 있는 일이라 할 수 있다.

세상에서 가장 가까이 있는 롤모델

그런데 아이에게 가장 가까이 존재하며 가장 큰 영향을 끼치는 롤모델은 누구일까. 바로 부모다. 부모의 행동, 말투 등 아이는 거울 뉴런을 활성화해서 복사기 수준으로 부모를 따라 한다. 부모도 종종 이것을 느낄 것이다. 자기의 지금 모습이 예전의 부모님과 많이 닮았다는 사실을 말이다.

엄마아빠는 자녀가 위인의 바른 가치관이나 행동을 닮기 바라지만, 아이는 일상생활에서 함께 부대끼는 자신의 부모를 더 빨리, 더 쉽게 닮는다. 부모의 충고나 꾸중은 아이가 별로 귀담아듣지 않는다. 부모도 어릴 때 그랬듯이, 잔소리로 여기기 때문이다. 그러나 부모가 생활 속에서 부지불식간에 하는 언행은 아이가 그대로 따라 한다. 그리고 곧, 자신의 것으로 만든다.

그래서 '아이는 부모의 뒷모습을 보고 자란다'는 말이 있는 것이다. 부모가 아이 앞에서 아무리 교양 있는 모습을 보여도, 아이는 부모가 자신도 모르게 하는 말과 행동을 따라 한다. 부모는 TV에 열중하면서 아이에게 책을 읽으라고 하거나, 부모는 스마트폰 없이 살 수 없으면서 아이에게는 안 된다고 하거나, 부모는 게으름을 피우면서 아이에게는 부지런하기를 요구한다면 아이는 무엇을 따라 하게 될까.

부모의 뒷모습을 보고 자라는 아이들

페이스북의 2인자로 불리는 셰릴 샌드버그(Sheryl Sandberg)는 미국의 대표적인 기업인이다. 2012년 포브스에서 발표한 세계에서 가장 영향력 있는 여성 12위에 오르기도 했다.

워킹맘인 그녀는 일찍 퇴근하는 날이면 아이들과 함께 식사하고 책을 읽어 주었다. 그리고 아이가 잠들면, 서재로 가서 못다 한 회사 일을 마무리하곤 했다. 일찍 퇴근할 수 없을 때는 아이들을 사무실로 오게 해서 엄마가 일하는 동안 회사에서 놀게 했다. 아이가 어렸을 때는 오전 7시부터 오후 7시까지의 근무 시간을 오전 9시부터 오후 5시 30분으로 조정했다. 하지만 일하는 시간만큼은 최선을 다해 남들보다 더 열심히 함으로써 일 잘하는 사람이라는 이미지를 굳혔다.

셰릴 샌드버그처럼 일과 양육을 병행하는 워킹맘은 시간이 부족하다. 그래서 시간을 쪼개고 쪼개, 남들보다 더 충실히 시간을 사용할 수밖에 없다. 아이들은 이런 엄마의 뒷모습을 보고 있다. 엄마가 회사에 있거나, 집에 있거나 열심히 사는 엄마는 아이들 눈에 띄기 마련이다. '엄마는 열심히 사는 중'이라고 떠들지 않아도 아이는 엄마의 뒷모습을 보며 알아챈다. 물론 아빠도 마찬가지다. 이런 부모 밑에서 자라는 아이는 부모와 보내는 시간의 양이 중요하지 않다. 열심히 사는 부모를 보고, 자기도 인생을 열심히 살아야겠다고 생각한다.

전업주부든, 워킹맘이든, 육아대디든 무엇보다 중요한 건 아이들이 나를 지켜보고 있다는 사실을 알아야 한다는 것이다. 아이들은 부모의 좋은 모습뿐만 아니라, 나쁜 모습도 흉내 낸다. 아이의 인생이 빛나길 바란다면, 부모가 먼저 자신의 인생을 충실히 살아야 한다. 그래야 아이들이 성장해서 부모처럼 충실히 자기의 삶을 산다.

부모는 아이의 퍼스트 멘토다. 그리고 자녀의 영원한 롤모델이다. 이것을 잊지 말아야 한다.

☞ 나는 자녀에게 어떤 롤모델이 되어 주고 싶은가.
생각하고 정리해 보자.

참고문헌

《4차 산업혁명, 교육이 희망이다》, 류태호, 경희대학교출판문화원

《당돌하게 다르게 후츠파로 키워라》, 문서영, 책읽는달

《서울대에서는 누가 A+를 받는가》, 이혜정, 다산에듀

《최고의 교육》 로베르타 골린코프, 캐시 허시-파섹, 예문아카이브

《포노사피엔스》, 최재붕, 쌤앤파커스

《에듀테크》, 홍정민, 책밥

《구글은 sky를 모른다》, 이준영, 알투스

《이제는 대학이 아니라 직업이다》, 손영배, 생각비행

《오늘은 여기까지만 하겠습니다 아이와 만화보는 날이라서요》, 이필준, 반니

《대학에 가는 AI vs 교과서를 못 읽는 아이들》, 아라이 노리코, 해냄

《최고의 학교》, 테드 딘터스미스, 예문아카이브

《다섯가지 미래교육코드》, 김지영, 소울하우스

《김대식의 인간 vs 기계》, 김대식, 동아시아

왓슨쇼크...10년 뒤 우리 동네 약사님은 로봇?, 최원우 기자, 조선일보, 2017.1.16.
과잉양육의 덫, 김민희 기자, 주간조선, 2015.8.24.
엄마가 쓰는 해외교육 리포트(19), 전민희 기자 정리, 중앙일보, 2014.7.16.
미래를 위해 꼭 갖춰야 할 능력 10가지, 세계경제포럼 발표, 중앙일보. 2018.11.16.
대량생산서 개인맞춤으로...가전패러다임 확 바뀌었죠, 매일경제, 2019.6.21.
제조업 패러다임이 바뀐다. 소비자가 상품 기획, 개발부터 참여 원하는 제품 맞춤 생산, 이코노미 조선, 2016.3.28.
1인 미디어 크리에이터 전성시대, 박경은 기자, 경향신문, 2018.3.4.
국제 바칼로레아 프로그램을 소개합니다, 교육부 국민 서포터즈, 2016.1.4.
공기업 블라인드 면접, 지원자 당황시킨 송곳질문 하나, 이현택 기자, 잡스엔, 2018.3.11.
신입사원 평균 근속연수 채 3년도 안돼, 김선경 기자, 노컷뉴스, 2018.11.5.
직장 관두고 진짜 나를 만난다, 갭이어, HS Adzin, 2017.7.11.
2030년 현존 대학 절반 도산...마이크로칼리지가 대안, 고광본 기자, 서울경제, 2017.9.17.
말로 뚝딱! 생활에 들어온 4차산업혁명, KBS뉴스, 2017.1.30.
네덜란드의 스티브잡스 학교, 무엇이 다를까?, 오힘찬 칼럼니스트, 에브리뉴스, 2013.9.4.
공유경제 어디까지 와 있나, 안재후 기자, 서울경제, 2016.8.17.
日고령자의 절친은 AI로봇, 김웅철, 매일경제.
4차 산업혁명시대에 필요한 교육은?, 최혜원, 더 사이언스 타임스, 2018.6.27.
미래를 향한 움직임, 메이커 운동, 메이크올.
주입식교육 대명사 일본, 대입시험 객관식 없앤다, 이동휘, 조선일보, 2017.11.2.
국제 바칼로레아 국내 공교육 도입3단계 방안 나왔다, 신향식, 오마이뉴스. 2018.6.23.

자녀의 미래를 바꾸는 6가지 부모력

2019년 12월 27일 초판 1쇄 인쇄
2020년 1월 7일 초판 1쇄 발행

지은이 | 조미상
펴낸이 | 이병일
펴낸곳 | **더메이커**
전 화 | 031-973-8302
팩 스 | 0504-178-8302
이메일 | tmakerpub@hanmail.net
등 록 | 제 2015-000148호(2015년 7월 15일)

ISBN | 979-11-87809-33-3 (03590)

「이도서의국립중앙도서관출판예정도서목록(CIP)은서지정보유통지원시스템홈페이지
(http://seoji.nl.go.kr)와국가자료공동목록시스템(http://www.nl.go.kr/kolisnet)에서
이용하실수있습니다. (CIP제어번호: CIP2019052138)」